装配式建筑丛书

BIM 技术在装配式建筑全生命周期的应用

江苏省住房和城乡建设厅
江苏省住房和城乡建设厅科技发展中心　编著

东南大学出版社
SOUTHEAST UNIVERSITY PRESS
·南京·

内 容 提 要

本书主要分为理论篇和实操篇。在理论篇中主要介绍了数字建筑技术与装配式建筑的概念、发展进程、分类等基本理论；介绍了 BIM 技术及建筑全生命周期管理（BLM）的基本理论与应用；进一步针对 BIM 技术在装配式建筑设计阶段、结构设计阶段、预制构件生产阶段、施工阶段和运维阶段的应用基础理论进行系统分析。在实操篇中本书主要针对 BIM 软件在装配式建筑施工图设计阶段建模标准、PC 构件加工设计阶段建模标准及模型构建，以及主流 BIM 软件系统的装配式技术体系解决方案。最后重点介绍了江苏省建筑设计研究院和南京大地建设集团参与建设的两个应用 BIM 技术的装配式建筑案例，从专业人员配备、模型族库构建及 BIM 技术深化设计阶段应用、信息化管理等方面为其他装配式建筑的 BIM 应用提供参考。

图书在版编目(CIP)数据

BIM 技术在装配式建筑全生命周期的应用 / 江苏省
住房和城乡建设厅，江苏省住房和城乡建设厅科技发展
中心编著. —南京：东南大学出版社，2021.1
（装配式建筑丛书）
ISBN 978 - 7 - 5641 - 9260 - 0

Ⅰ. ①B⋯　Ⅱ. ①江⋯②江⋯　Ⅲ. ①装配式构件-建筑
工程-计算机辅助设计-应用软件　Ⅳ. ①TU3-39

中国版本图书馆 CIP 数据核字(2020)第 244415 号

BIM 技术在装配式建筑全生命周期的应用
BIM Jishu Zai Zhuangpeishi Jianzhu Quanshengming Zhouqi De Yingyong
江 苏 省 住 房 和 城 乡 建 设 厅
江苏省住房和城乡建设厅科技发展中心　编著

出版发行	东南大学出版社
社　　址	南京市四牌楼 2 号　邮编：210096
出 版 人	江建中
责任编辑	丁　丁
编辑邮箱	d.d.00@163.com
网　　址	http://www.seupress.com
电子邮箱	press@seupress.com
经　　销	全国各地新华书店
印　　刷	南京玉河印刷厂
版　　次	2021 年 1 月第 1 版
印　　次	2021 年 1 月第 1 次印刷
开　　本	787 mm×1 092 mm　1/16
印　　张	15.75
字　　数	350 千
书　　号	ISBN　978-7-5641-9260-0
定　　价	98.00 元

本社图书若有印装质量问题，请直接与营销部联系。电话(传真)：025-83791830

序

建筑业是国民经济的支柱产业,建筑业增加值占国内生产总值的比重连续多年保持在 6.9％以上,对经济社会发展、城乡建设和民生改善作出了重要贡献。但传统建筑业大而不强、产业化基础薄弱、科技创新动力不足、工人技能素质偏低等问题较为突出,越来越难以适应新发展理念要求。2020 年 9 月,国家主席习近平在第七十五届联合国大会一般性辩论上表示,中国将提高国家自主贡献力度,采取更加有力的政策和措施,二氧化碳排放力争于 2030 年前达到峰值,努力争取 2060 年前实现碳中和。推进以装配式建筑为代表的新型建筑工业化,是贯彻习近平生态文明思想的必然要求,是促进建设领域节能减排的重要举措,是提升建筑品质的必由之路。

作为建筑业大省,江苏在推进绿色建筑、装配式建筑发展方面一直走在全国前列。自 2014 年成为国家首批建筑产业现代化试点省以来,江苏坚持政府引导和市场主导相结合,不断加大政策引领,突出示范带动,强化科技支撑,完善地方标准,加强队伍建设,稳步推进装配式建筑发展。截至 2019 年底,全省累计新开工装配式建筑面积约 7800 万 m^2,占当年新建建筑比例从 2015 年的 3％上升至 2019 年的 23％,有力促进了江苏建筑业迈向绿色建造、数字建造、智能建造的新征程,进一步提升了"江苏建造"影响力。

新时代、新使命、新担当。江苏省住房和城乡建设厅组织编写的"装配式建筑丛书",采用理论阐述与案例剖析相结合的方式,阐释了装配式建筑设计、生产、施工、组织等方面的特点和要求,具有较强的科学性、理论性和指导性,有助于装配式建筑从业人员拓宽视野、丰富知识、提升技能。相信这套丛书的出版,将为提高"十四五"装配式建筑发展质量、促进建筑业转型升级、推动城乡建设高质量发展发挥重要作用。

是以为序。

清华大学土木工程系教授(中国工程院院士)

2020 年 11 月

丛 书 前 言

　　江苏历来都是理想人居地的代表,但同时也是人口、资源和环境压力最大的省份之一。作为全国经济社会的先发地区,截至 2019 年底,江苏的城镇化水平已达到 70.6%,超过全国同期水平 10 个百分点。江苏还是建筑业大省,2019 年江苏建筑业总产值达 33 103.64 亿元,占全国的 13.3%,产值规模继续保持全国第一;实现建筑业增加值 6 493.5 亿元,比上年增长 7.1%,约占全省 GDP 的 6.5%。江苏城乡建设将由高速度发展向高质量发展转变,新型城镇化将由从追求"速度和规模"迈向更加注重"质量和品质"的新阶段。

　　自 2015 年以来,江苏通过建立工作机制、完善保障措施、健全技术体系、强化重点示范等举措,积极推动了全省装配式建筑的高质量发展。截至 2019 年底,江苏累计新开工装配式建筑面积约 7 800 万 m^2,占当年新建建筑比例从 2015 年的 3% 上升至 2019 年的 23%;同时,先后创建了国家级装配式建筑示范城市 3 个、装配式建筑产业基地 20 个;创建了省级建筑产业现代化示范城市 13 个、示范园区 7 个、示范基地 193 个、示范工程项目 95 个,建筑产业现代化发展取得了阶段性成效。

　　目前,江苏建筑产业现代化即将迈入普及应用期,而在推进装配式建筑发展的过程中,仍存在专业化人才队伍数量不足、技能不高、层次不全等问题,亟需一套专著来系统提升人员素质和塑造职业能力。为顺应这一迫切需求,在江苏省住房和城乡建设厅指导下,江苏省住房和城乡建设厅科技发展中心联合东南大学、南京工业大学、南京长江都市建筑设计股份有限公司等单位的一线专家学者和技术骨干,系统编著了"装配式建筑丛书"。丛书由《装配式建筑设计实务与示例》《装配整体式混凝土结构设计指南》《装配式混凝土建筑构件预制与安装技术》《装配式钢结构设计指南》《现代木结构设计指南》《装配式建筑总承包管理》《BIM 技术在装配式建筑全生命周期的应用》七个分册组成,针对混凝土结构、钢结构和木结构三种结构类型,涉及建筑设计、结构设计、构件生产安装、施工总承包及全生命周期 BIM 应用等多个方面,系统全面地对装配式建筑相关技术进行了理论总结和项目实践。

　　限于时间和水平,丛书虽几经修改,疏漏和错误之处在所难免,欢迎广大读者提出宝贵意见。

编委会

2020 年 12 月

前　言

当前,BIM(Building Information Modeling,即建筑信息模型)技术的逐步提升及进展,使其在建筑领域中的作用获得了全方位的重视与肯定。同时,装配型建筑的发展,让建筑工业化的构架逐步明晰,建筑信息化及建筑工业化加以融汇的构造方法也逐渐变成了现如今建筑领域之中的引领及方向,对装配式建筑的进步凸显出了重要的助推与引领功能。装配式建筑的实施难点在于对各种资源和信息的有效整合而并非在于技术方面。装配式建筑项目的完成需要用到设计、生产、运输、施工等各环节的信息,而这些信息的采集与存储是一项非常繁重而浩大的任务,只有借助BIM技术才能保证在整个项目全生命周期多个参与方间进行有效传递。现阶段资源整合在很大程度上需依赖于信息处理技术,而BIM就是高度整合的信息技术关键实现手段,其与装配式结合必将是装配式建筑发展的趋势。现阶段BIM与装配式建筑的结合仍存在信息传递效率低、协同管理差、标准不统一等问题,因此在将两者结合的同时,从理论与实践的角度提高技术融合和应用的效率仍是现阶段重点研究方向。为解决上述传统建筑工程运行维护管理中存在的问题,提高管理效率,开展本书编写。

本书主要分为理论篇和实操篇两部分。理论篇主要介绍了数字建筑技术与装配式建筑的概念、发展进程、分类等基本理论;介绍了BIM技术及建筑全生命周期管理(BLM)的基本理论与应用;进一步针对BIM技术在装配式建筑设计阶段、结构设计阶段、预制构件生产阶段、施工阶段和运维阶段的应用基础理论进行系统分析。实操篇主要针对BIM软件在装配式建筑施工图设计阶段建模标准、PC构件加工设计阶段建模标准及模型构建以及主流BIM软件系统的装配式技术体系解决方案。最后,介绍了江苏省建筑设计研究院和南京大地建设集团参与建设的两个应用BIM技术的装配式建筑案例,从专业人员配备、模型族库构建及BIM技术深化设计阶段应用、信息化管理等方面为其他装配式建筑的BIM应用提供参考。本书为BIM及装配式建筑从业人员提供理论与技术支持,全书注重理论与实践相结合。

本书在写作过程中参考了许多国内外相关专家学者的论文和著作,已在参考文献中列出,在此向他们表示感谢!对于可能遗漏的文献,再次向其作者表示感谢及歉意。限于时间和水平,书中难免有错漏之处,敬请各位读者批评指正。

笔　者

目　　录

第二部分　实　操　篇

第一部分

理 论 篇

1 数字技术与装配式建筑的基本理论与概念

随着时代的进步与需求的发展,装配式建筑正在逐步成为 21 世纪建筑业发展的风向标,数字技术也在快速发展,为建筑业提高生产效率起到了重要的作用。理解数字技术与装配式建筑的基本理论与概念,有利于更好地了解信息化技术在装配式建筑全生命周期管理中的应用,利用信息化技术弥补装配式建筑中信息难以收集、处理、协同等缺点,使得装配式建筑有更好的发展前景。

1.1 数字建筑技术

数字建筑技术是指应用于建筑全生命周期的一系列信息化数字技术,如 CAD 技术、BIM 技术、虚拟现实技术、数控加工技术等。随着时代的进步与需求的发展,数字建筑技术也在不断推陈出新,更好地服务于建筑行业。

1.1.1 图形技术与建筑设计

1962 年,美国麻省理工学院的 Ivan E. Sutherland 在他的博士论文中首次使用了"计算机图形学"这个术语,并提出了一个名为"Sketchpad"的人-机交互式图形系统,该系统被公认为对交互图形生成技术的发展奠定了基础。而所谓的计算机图形技术,就是指用计算机生成、显示、绘制图形的技术,用计算机将数据转换为图形。后来,由于计算机图形系统的硬、软件性能日益提高,而价格却逐步降低,计算机图形技术的应用日益广泛。

计算机辅助设计(CAD)和计算机辅助制造(CAM)是计算机图形技术最广泛、最活跃的应用领域,国际上已利用计算机图形技术的基本原理和方法开发出 CAD/CAM 集成的商品化软件系统,广泛地应用于建筑设计中[1]。在建筑工程的整体设计过程中,图纸设计是一项比较繁冗的工作流程,在工作过程中需要多种工作手段进行比较、修改以及跟进,之后选择效益比较高的建筑方案。建筑工程绘图量较大,因而对计算精度有较高的要求,手工绘图不是合理的设计方式,选择 CAD 软件能快速和便捷地完成整个建筑工程的任务。首先,使用计算机图形软件可以对图纸进行更快速的设计,使设计效率得到较大的提升,其主要表现在这类图形软件内镶嵌有多种绘图工具,增强了设计绘图过程中的可选性。同时,在绘制过程中多种线型的选择让绘图更具有完整性和系统性。其次,设计人员所绘制的图纸在计算机上能够进行随意的更改,有效节约各种资源。比如在开展设计的时候,如果有类似的设计图纸,设计人员就不需要对图纸进行重新设计,只需对原有的图纸进行简单的改动就能实现其想要的效果。建筑图纸改动后可以变为水暖图和电气设备图,这样和传统的手工绘图相比较,可减少建筑工程人员的精力耗费,能够最大限度地节约人力、物力和财力。

计算机图形软件也有一定的缺陷。在进行建筑设计过程中,设计师需要将自己的设计理念与想法通过软件直观地展现出来,在不断的立意、表达、修改的环节中,尽可能地使抽象思维更加明确、具体。但是,人大脑中所构思的具体对象通常具有相对性,而大部分通过计算机图形软件所呈现出的图形是由平面图一点点制作成三维模型,这种方式具有随机性和不明确性,设计出的模型并不符合设计师的要求和设计原则,并且在实际应用中难以展现出设计师的创意和设计意图[2]。

但是,随着建筑业与计算机技术更加密切的联系,计算机图形技术越来越显露出其优越性,它使建筑设计更加具有表现力和创造力,为建筑师提供了更加广泛、更加充分、更加自如的表现机会,日益成为建筑师的构思和完善建筑设计的助手[3]。同时,这两者相结合得到的建筑产物不但设计质量得到有效的提升,设计周期也逐渐缩短,从而使得社会经济效益得到提升。

1.1.2　产品制造与工程建造

谈到产品制造,人们总会想到工厂车间内各种机械设备及工人作业不停歇的流水线生产。改革开放以来,随着国家对制造业的高度重视及部分技术和人才的引进,我国在产品制造方面有了飞速的发展,已成为世界制造大国。但是,在产品制造过程中也存在一些问题,如自主创新能力不强,核心技术对外依存度较高,产品质量问题突出,资源利用效率低等,所以,我国还不是一个制造强国。

针对我国产品制造业"大而不强"的现状,国家提出了"中国制造 2025",其目的在于抓住新一轮科技革命引发产业变革的重大历史机遇,依托较强的信息产业实力,通过工业化与信息化的深度融合,让产品制造由大变强。在这一历史的跨越过程中,要加快推动新一代信息技术与制造技术融合发展,把智能制造作为主攻方向,着力发展智能产品和智能装备,推进生产过程数字化、网络化、智能化,培育新型生产方式和产业模式,全面提升企业研发、生产、管理和服务的智能化水平。同时,要加大先进节能环保技术、工艺和装备的研发和推广,加快制造业绿色改造升级,积极推行低碳化、循环化和集约化,提高制造业资源利用效率,强化产品全生命周期绿色管理,努力构建高效、清洁、低碳、循环的绿色制造体系,最终实现由资源消耗大、污染物排放多的粗放制造向资源节约型、环境友好型的绿色制造的转变[4]。

建筑行业作为一种特殊的制造业,在"德国工业制造 4.0"与"中国制造 2025"新一轮科技革命和产业变革背景下,正在发生着新的变革,各种新概念和新模式不断涌现,诸如产业链有机集成、并行装配工程、低能耗预制、绿色化装配、机器人敏捷建造、网络化建造和虚拟选购装配等[5]。在建造方式上，由于装配式建筑相比传统的现浇建筑具有提升建筑质量、提高施工效率、节约材料、节能减排环保、节省劳动力并改善劳动条件、缩短建造工期、方便冬季施工等优点，所以装配式建筑正得到大力发展[6]。而且，今后世界装配建筑业界必将实现全产业链信息化的管理与应用，通过 LAE、CAE、BIM 等信息化技术搭建装配式建筑工业化的咨询、规划、设计、建造和管理各个环节中的信息交换平台，实现全产业链信息平台的支持。此外，当前发达国家正在重视发展以复合轻钢结构、钢/塑结构、生物质/木结构等为主的新型绿色化装配构件体系，其目标是使装配式住宅与建筑从设计、预制、运输、装配到报废处理的整个住宅生命周期中，对环境的影响最小，资源效率最高，使得住宅与建筑的构件体系朝着安全、环保、节能和可持续发展方向发展。同时，日本、德国和美国建筑界正在致力发展智能化装配模式，以大量减少施工现场的劳动力资源，其出路是不断发明推广机器人、自动装置和智能装配线等，同时创新采用附加值高的装配式构件与部品，使施工现场不再需要更多大量脏而笨重的体力劳动，这种智能化装配模式比以往建造模式大大节约了人力资源，同时可以缩短工期，提高施工效率。总之，未来建筑业必将迈上绿色化、工业化、信息化的发展道路。

1.1.3　数字设计与数控建造

随着数字化时代的到来，数字建筑也逐渐开始发展起来，而数字建筑需要数字建构。数字建构具有明确的两层含义：使用数字技术在电脑中设计出建筑形体，以及借助于数控设备进行建筑构件的生产及建筑的建造[7]。也就是说，数字建筑的形成需要数字设计与数控建造。

建筑设计是一个复杂的过程，包含的内容众多，将数字化技术应用到建筑设计领域，能够推动建筑设计理念和方法的转变，提升建筑设计的有效性。首先，概念设计是建筑设计的核心环节，对于建筑设计效果的影响不容忽视。数字化技术的应用，可以为设计人员开展概念设计提供一个智能化辅助设计工具，例如，设计人员可以运用 SketchUp 建模技术，构筑建筑三维空间模型，完成造型、质感和色彩等的构思，并将其与现实建筑环境结合起来，开展综合研究。其次，在方案设计环节内，设计人员可以先对设计方案进行初步确定，然后运用计算机数据处理和分析能力，配合专业软件，针对方案设计中可以采集和量化的指标、属性、功能等进行分析预测，做好设计方案的修改工作。此外，运用 CAD 与 BIM 技术，设计人员还能够完成建筑环境、建筑功能等设计技术指标的定性与定量分析，提升建筑设计的合理性。在制图方面，伴随着计算机绘图技术的飞速发展，设计人员在进行建筑设计时，既能够运用专业软件提供的建筑标准库、建筑配件库和建筑构造图库实现建筑构造设计，也能够运用各类图形生成和图形编辑功能开展制图设计，对细部大样中的图形进行移动、旋转、缩放和拼接等操作，更可以根据不同工种与建筑设计内容，在不同的图层储存制图设计信息，结合按需分配的原则，对制图设计进行改进优化。在数字化技术设计系统中，具备统一的制图设计数据管理功能，可以对不同建筑设计工种和设计内容进行协调，为统一管理和纠错提供便利[8]。

数字设计属于数字技术的非物质性使用,而数控建造则是数字技术的物质性使用,是把虚拟的设计转化为实物。相比于传统的机械制造,数控建造提升了建筑建造过程中的精度,具体表现在机械运动数据的数字化。一般建筑建造的误差控制在 10 mm 左右,虽然这在大部分场合是可以接受的,但依然存在建造效率低下和小误差积累成为更大误差的情况,这在现代社会对生产效率和产品质量日益提高的要求下已不再适用。数字化控制的机械可以按照预先设定的要求进行工作,其精度可以根据不同的场合采用不同等级的加工工具进行控制,甚至近年来数字加工工具本身可以在实时监测自身运动的同时进行微调,避免了实际操作过程中多种误差因素的影响,实现了合理的精度控制[9]。此外,数控建造特别擅长传统工艺中难以胜任的非标准加工。随着生活水平的提高,人们对建筑的要求已不仅仅局限于高质量与舒适度等方面,对建筑的审美也有了一定的需求,这就需要对建筑进行参数化设计。参数化设计追求动态性、可适应性、复杂关联及非线性关系等,往往呈现出复杂的曲面形态,或者难以标准化的大量单元的聚集[10]。越来越发达的数控建造技术成功解决了参数化设计在建造上的难题。总之,数字设计与数控建造将一起推动数字建筑的发展。

1.1.4 数字建筑技术的软硬件支持工具

数字建筑的发展离不开诸多软硬件工具的支持。其中,在设计、加工与建造方面的技术支持尤为重要。在设计方面,诸如 CAD 一类的设计软件为建筑设计提供极大的方便;在加工与建造方面,数控技术与数控装备发挥了很大的作用。

CAD 一类的软件利用计算机及其图形设备帮助设计人员进行设计工作,提高了设计效率。其中,计算机辅助建筑设计(Computer-Aided Architectural Design,CAAD)是 CAD 的重要分支,它是将计算机技术应用于城市、景观、建筑和室内等设计过程的方法,也是一门牵涉计算机科学、建筑科学、人工智能、图形学等多个学科综合应用的新技术[11]。它是随着计算机技术的不断发展而发展的,同时也推动着信息技术各个分支在建筑设计中的应用。CAAD 目前的应用可以概括为:绘制二维平、立、剖面图,三维模型的建立、渲染、影像处理、动画、多媒体设计演示虚拟现实技术等。而在图形设计方面涉及的软件包括 AutoCAD、3D Studio MAX、Photoshop 及 Light Scape 等。

数控技术,又称计算机数控技术(Computerized Numerical Control,CNC),即采用电脑程序控制机器的方法,按工作人员事先编好的程式对机械零件进行加工的过程。它是解决零件品种多变、批量小、形状复杂、精度高等问题和实现高效化和自动化加工的有效途径。当前,激光切割机、计算机数控机床、三维快速成型机等已经成为建筑模型制作的常用方法和探索数控建造途径的重要工具。

激光切割机是将从激光器发射出的激光,经光路系统聚焦成高功率密度的激光束,激光束照射到工件表面,使工件达到熔点或沸点,同时与光束同轴的高压气体将熔化或气化金属吹走。激光切割机采用数控编程,精度高,切割速度快,可加工任意的平面图,可以对幅面很大的整板切割,无须开模具,经济省时。计算机数控机床以计算机程序集合指令,并以指令的方式规定加工过程的各种操作和运动参数,可以对金属、木材、工程塑料、泡沫聚苯等天然或人工合成材料进行切割、打磨、铣削等加工,并最终加工出各种形体的建筑构件。数控机床是一种去除成型的加工设备,即从毛坯中除掉多余的部分,留下需要的造型。与此相反,另一种数控加工技术"快速原型技术"以添加成型的方式工作,即通过逐步连接原材料颗粒或层板等,或通过流体在指定位置凝固定型,逐层生成造型的断面切片,叠合而成所需要的形体,如熔融沉积制模法、立体印刷成型法、选域激光烧结法、三维打印法等。这些数控技术由于通过计算机软件操控加工设备,可将同样通过软件进行的设计与加工联成一体,在不同条件下可处理不同问题,满足不同的需要,从而可以生产非标准的个性产品,使得复杂不规则建筑形体的制造成为可能。

1.2 装配式建筑与数字技术的联系

装配式建筑是指由预制构件通过可靠连接方式建造的建筑。装配式建筑有两个主要特征:第一个特征是构成建筑的主要构件特别是结构构件是预制的;第二个特征是预制构件的连接方式必须可靠。与传统建筑业生产方式相比,装配式建筑的工业化生产在设计、施工、装修、验收、工程项目管理等各个方面都具有明显的优越性(表 1-1)[12]。

表 1-1 建筑业传统生产方式和工业化生产方式的对比

阶段	传统生产方式	工业化生产方式
设计阶段	① 不注重一体化设计 ② 设计与施工相脱节	① 标准化、一体化设计 ② 信息化技术协同设计 ③ 设计与施工紧密结合
施工阶段	① 现场湿作业、手工操作 ② 工人综合素质、工业化程度低	① 设计施工一体化、构件生产工厂化 ② 现场施工装配化、施工队员专业化
装修阶段	① 以毛坯房为主 ② 采用二次装修	① 装修与建筑设计同步 ② 装修与主体结构一致化
验收阶段	竣工分部、分项抽检	全过程质量检验、验收
管理阶段	① 以包代管、专业化程度低 ② 依赖农民工劳务市场分包 ③ 要求设计与施工各自效益最大化	① 工程总承包管理模式 ② 全过程的信息化管理 ③ 项目整体效益最大化

装配式建筑和数字技术虽然是两个不同学科的内容,但两者之间却有着内在的必然联系。装配式建筑由于将构件产品单独放在工厂生产,并且关联构件可能由不同地区的工厂同时生产,为保证建筑产品质量,大部分构件需要做到在安装现场严丝合缝或者具有可调整和修补的预留条件。当构件形态更为复杂时,需要有一个明确共通的加工条件图形或模型。在大多数情况下,需要用到数字化设计模型和图形,在复杂形态下甚至需要用程序算法生成加工图形。可以说,数字技术是装配式建筑可靠的形态和精度保证。

现代的数字建筑技术的产品,经常带有传统建筑难以描述的复杂形态,非标准的复杂形态使其在传统施工建造技术下难以实施或者大规模实施。非标准的建造通常需要用到数字化的加工工具,通常只能够在特定的工厂中进行加工。半成品的建筑构件在工厂完成加工后在施工现场由于连接可靠性和精度的要求需要采用不同的连接方式现场装配。同理,数字建筑技术的产品可能用到非传统建筑材料,特殊的加工工艺同样使其需要在特定工厂生产和现场装配。装配式建造是诸如非标准形态和材料等数字建筑技术产品的有效实现方式。

现实中,非标准建筑的兴起促使建筑加工技术要求不断提高,非标准的形态对混凝土、金属材料和复合材料的生产加工提出了新的挑战,产品精度和成本的要求使得现场制作异形模板和弯曲钢结构显然变得不再现实。设计师和建造者们借鉴并延续传统装配式建造的思路转而将建筑构件的生产交给工厂,利用数字化的加工工具对构件和模板进行精确加工,进而将通过工厂加工的异形金属板、玻璃、混凝土模板或者混凝土构件运至工地进行组装,实现特定的建筑形态与结构的要求。随着多专业学科技术的融合,自动化技术在建筑领域应用扩展,一些实验性的小型建筑的建造开始引入机器人技术,采用机械臂等自动化工具,实现自动装配建造。

1.3　装配式建筑信息化技术应用分析及现存的问题

装配式建筑正在逐步成为 21 世纪建筑业发展的风向标,而信息化技术的融入弥补了装配式建筑中信息难以收集、处理、协同等缺点,把信息化技术应用在装配式建筑的全生命周期管理中使得装配式建筑有了更好的发展前景。

1.3.1　装配式建筑信息化技术应用分析

在装配式建筑设计阶段,信息化技术发挥了很大的作用。它的主要优势包括协同设计、信息关联、参数化调整,很好地解决了传统设计手段无法适应的新型建造模式的方法难题。第一,信息化技术可以进行选址的规划和场地分析。传统的方法没有足够的定量分析,也不能对大量的数据进行科学处理等,但是在信息化技术的帮助下,通过与地理信息系统相结合,根据拟建建筑物的空间信息、大气环境和场地条件,对其进行数据分析,可以更科学合理地进行场地分析和规划选址,为决策提供依据。第二,可以利用信息化技术建立模型和绘制图纸。与传统的二维图纸相比,信息化技术最大的特点就是它所绘制的图纸中的每一个信息都具备工程属性,例如构件的外观尺寸、材料的属性、进度属性、资源特征等,并且形成模型参数的关联性和共享性,任何一个参数信息发生变化,实体构件也会发生相应变化,做到一处修改,处处同步修改,极大地提高了协同设计的工作效率。第三,信息化技术可以解决设计的冲突问题。传统的方法都是根据二维图纸通过想象来对建筑物的立体图进行还原,这样的方法不够直观,往往与设计者的经验、能力有很大关系,极易造成设计错误。利用信息化技术可以自动识别冲突问题并进行三维调整,能够提高设计效率,保证设计质量。

在装配式建筑的构件生产制作阶段,把信息化技术和 RFID(无线射频识别)技术相结合,工厂化生产时将含有构件的材料种类、几何尺寸、安装位置等信息的 RFID 芯片提前预埋到各类预制构件中,根据 RFID 标签编码唯一性原则,提供了构件的生产、存储、运输、吊装等过程中信息传输的解决方案,也保证信息的准确性。另外,还可以把预制构件的存储、质量监测、生产等信息反馈给中央数据库,进行统一的信息分析和处理,为将来工艺改进、生产提效、品质监控提供了原始数据支撑。

在装配式建筑施工阶段,信息化技术的主要应用价值有以下两方面:第一,能够针对预制构件的库存和现场管理进行改善。在实际的施工现场构件找不到或者构件找错等情况是时有发生的,所以通过信息化技术的管理可以规避此类事件的再次发生,利用信息化技术和 RFID 技术的有效结合,就可以对这些构件实时追踪控制,获取信息准确且传递速度快,能够减少人工引起的误差。第二,利用 5D 施工模拟对施工、成本计划进行优化,对工程质量的进度进行控制。基于 3D 信息化模型,又引入了时间和资源维度形成 5D 信息化模型,以此来对装配式建筑的各种资源投入情况和整个施工过程进行模拟,形成一个动态的施工规划。另外在模拟的过程中,对原有的施工规划存在的问题进行优化,避免工期延长和成本增加。

在装配式建筑的运营维护阶段,信息化技术的主要作用就是提供建筑物的使用情况、各构件运行情况,以及财务等方面的数据和信息。第一,在物业管理方面信息化技术发挥了很大的作用,通过和相关设备进行连接,信息化软件可以提供建筑物的各项参数来判断其运行情况,这样物业管理人员可以及时做出科学的管理决策。另外信息化技术和 RFID 技术结合在设施管理和门禁系统方面还有很多的应用,各个构建安装上电子标签后,工作人员在进行维修的时候就可以通过阅读器很快找到相关设备的位置,在维修过后把相应的数据再次记录到电子标签内,再把这些信息数据存储到信息化的物业管理系统中,使得工作人员可以更加直观地了解建筑物设备的运营情况。第二,装配式建筑在进行扩建或拆除的时候,运用信息化技术针对建筑结构的各项指标进行分析检测,可以避免结构的损伤。

信息化技术的融入弥补了装配式建筑中信息难以收集、处理、协同等缺点,把信息化技术应用在装配式建筑的全生命周期管理中使得装配式建筑有了更好的发展前景[13]。

1.3.2 装配式建筑信息化技术应用中存在的问题

由于信息化技术在装配式建筑中的应用时间较短,所以在现阶段的应用发展中难免存在一些问题,主要表现在以下几个方面:

1)模型应用面窄

应用信息化技术建成的模型仅在前期方案阶段运行,进行效果展示、方案调整,但在后期基本闲置未充分应用,或局限于由施工单位进行管线碰撞检查。模型应用面窄,造成资金、人力上的浪费。

2）模型衔接不畅

大部分应用信息技术的项目会采用设计阶段由设计单位建模,进入施工阶段由总包及分包单位进行后续模型深化的模式。如果前期未制定模型验收标准,有可能会产生建模各方模型不兼容,导致设计、施工之间模型移交困难,双方重复建模,影响现场使用等情况。

3）技术应用滞后

在施工阶段,施工单位实施的模型深化、施工方案模拟、进度模拟等工作缓慢,模型搭建进度控制不力,分阶段交付时间提前量不够,或只能勉强跟着现场进度,甚至滞后于施工进度,无法起到指导施工的作用。

4）协同平台不力

对协同平台缺乏认识,对模型共享、数据同步重视不够,导致平台比选工作迟迟不能启动,各参建方在施工过程中无法共享模型,数据维护、修改不能在各参建方之间同步共享,协同办公。

5）应用与施工脱节

各参建方的组织机构不合理,信息技术管理人员与现场管理人员不同,施工单位的相关信息技术实施方案与专项施工方案分开编制,实施过程中的技术运用专题会议与工地例会分别召开,模型搭建与现场施工脱节。

6）五维应用受限

模型结合进度控制、工程量统计的五维应用,因为建筑造型的特殊性、模型深度不够、配套软件局限性等原因,基本尚停留在部分主要材料的工程量统计上,以施工单位内部成本控制应用为主,未从项目整体角度,在质量、进度、投资、安全管理上创造合理的应用价值[14]。

除了以上几个方面之外,专业技术人才尤其是一线工程技术人员缺乏,与信息化技术应用模式相对应的政策管理规则和流程较少等问题也在制约着装配式建筑信息化技术的应用,这些都需要建筑业各方主体给予足够的重视[15]。

1.4　本章小结

本章介绍了数字建筑技术与装配式建筑的概念、发展进程、分类等基本理论,指明装配式建筑与数字技术之间的联系,并分析了信息化技术在装配式建筑全生命周期中的应用现状。总之,实现装配式建筑全过程一体化、数字化,可以显著提升施工效率和质量,有助于装配式建筑产业化、现代化的发展,应该结合建筑特征和技术现状,全面提升装配式建筑数字化水平,进而推动装配式建筑的有序发展,提高建筑品质。

2　BIM 技术及建筑全生命周期管理(BLM)理论

一个建筑项目,从设计到施工到售房再到物业管理、拆除,数字化创建、管理和共享所建造的资本资产的信息贯穿于整个建筑项目生命周期始终,即"建筑生命周期管理"。同时,BIM 技术的出现,使得建筑项目的信息能够在全生命各阶段无损传递。本章将重点介绍 BIM 技术及建筑全生命周期管理(BLM)的基本理论关系,进一步强调数字化数据的管理和利用是建筑生命周期管理的核心。

2.1　建设项目全生命周期管理

BLM(Building Lifecycle Management),建设项目生命周期管理,即贯穿于建设全过程(从概念设计到拆除或拆除后再利用),通过数字化的方法来创建、管理和共享所建造的资本资产的信息。该思想的核心是通过建立集成虚拟的建筑信息模型以及协同工作来实现设计—施工—管理过程的集成,进而提高建筑业生产效率[16]。

2.1.1　BLM 思想的来源

在建筑业内一直存在着效率不高和资源浪费等现象,这迫使人们去思考如何对建设工程的生产方式和组织方式进行变革。其中,向制造业学习是建筑业提高生产效率的关键途径之一。制造业生产效率的提高得益于很多创新理念和创新技术的应用,例如全面质量控制(Total Quality Control,TQC)、材料资源规划(Materials Resource Planning,MRP)、即时管理(Just In Time,JIT)、柔性制造系统(Flexible Manufacturing Systems,FMS)和计算机集成制造(Computer Integrated Manufacturing,CIM)等。在这些理念和技术的应用中,信息技术发挥了关键作用。高度信息化使制造业实现了产品的生命周期管理(Product Lifecycle Management,PLM),即通过产品定义和相关信息的集成,实现了覆盖整个产品生命周期信息的创建、管理、分发、共享和使用,从而减少了变更,降低了工程成本,缩短了研发和上市时间,提高了客户满意度,带来了极大的经济效益和社会效益。因此,如何借鉴制造业的 PLM,实施建筑业的 BLM,就成了建筑业变革的重要研究内容。

事实上,BLM 并不是一个全新的理念,和 PLM 类似,BLM 可以看成是建设工程管理中先进理念的集成,计算机集成建造(Computer Integrated Construction,CIC)、虚拟建造(Virtual Construction,VC)、建筑信息模型(Building Information Model,BIM)、项目信息门户(Project Information Portal,PIP)和建设项目全生命周期集成化管理(Life Cycle Integrated Management,LCIM)等都是 BLM 理念的构成基础[17]。

以建筑全生命周期数据、信息共享为目标的建筑生命周期管理雏形概念形成于1998 年,美国建筑业研究所(CII)提出了 FIAPP(Fully Integrated and Automated Project Processes),即以信息技术为手段,实现项目从规划到建成运营管理完全集成和自动化,达到生命周期数据管理目的。2002 年,Autodesk 公司正式提出了 BLM 的概念,认为一个建筑项目,从设计到施工到售房再到物业管理,乃至到最后拆掉,整个建筑项目生命周期都有建筑项目的数字化数据的应用与管理贯穿始终,即"建筑生命周期管理",进一步强调了数字化数据的管理和利用是建筑生命周期管理的核心。在此之后,BLM 概念在理论界和工程界都得到了广泛重视。

2.1.2　BLM 管理体系与方法

BLM 思想和 PLM 类似,其所涉及的内容可用"POP"模型表示,即产品(Product)、组织(Organization)和过程(Process)模型。POP 模型强调基于共享的信息集成与协同工作,BLM 的目的是寻求信息的价值,为项目全生命周期的增值服务。BLM 实现的基础是POP 的集成,图 2-1 可描述这一集成理念。

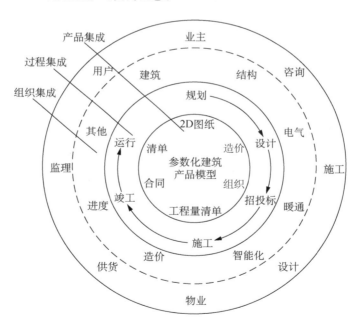

图 2-1　BLM 的集成内涵[18]

产品集成的关键点是参数化的建筑信息模型,即 BIM。BIM 技术将所有的相关方面集成在一个连贯有序的数据组织中,相关的电脑应用软件在被许可的情况下可以获取、修改或增加数据。BIM 的建立,将为整个生命周期提供支撑。组织集成的核心是协同工作。按照信息共享和协作层次的高低,组织集成可分为四个层次,即所谓的"3C"或"4C":沟通(Communication)、协调(Coordination)与协作(Collaboration 或 Cooperation)。从组织形态上看,组织集成的最高层次是组织的一体化,但从市场竞争和业务发展的要求看,基于"3C"或"4C"的虚拟组织正成为一个趋势。组织集成的基础是信息共享以及"共同语言"的建立。从实践上看,可从两方面来实现组织集成,一是基于 BIM 实现协同设计,二是采用工程项目总承包实现设计与施工的组织集成,而这两种方式都有两个共同特点,即基于中心数据库的信息共享和需要借助沟通与协同工作平台,如项目信息门户(Project Information Portal,PIP),图 2-2 为 BLM 组织集成方法。

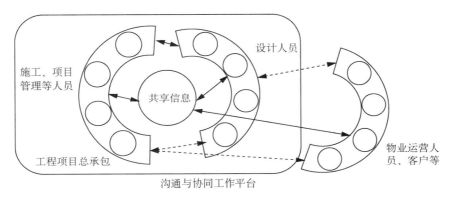

图 2-2　BLM 组织集成方法[18]

　　过程集成的核心是过程管理及各阶段的信息共享。过程集成是过程管理(Process Management)的一部分,而过程集成的重要方法是过程并行化,以及通过过程改进和过程重组实现过程优化,采用 IDEF 方法建模是过程改进和过程重组的有效方法。此外,工作流管理是一种统揽全局的过程管理工具,它在一定程度上将过程进行了规范化。在过程集成中,信息共享与交流是协同工作的关键,信息交流必须达到正确的信息在正确的时间送给正确的人。图 2-3 是通过过程并行实现过程集成的一种方法,在此过程中 BIM 为信息交流的核心内容,而沟通与协作平台(诸如 PIP、远程协作平台等)是信息交流的重要手段。因此,BIM 不仅推动了过程集成,也为过程集成提供了统一的信息模型,为信息交流提供了方便。通过对建设过程以及过程中的工作流程进行建模分析,可以使过程以及子过程得到进一步优化和集成,从而缩短建设过程,提高工作效率。过程集成后一个突出的特点就是对信息的准确度、传递信息的效率以及信息的统一提出了一个较高的要求,信息延误和信息失真将带来更大的损失。因此,有效的沟通与协作是过程集成后生产效率得以提高的重要条件。从这个层面上讲,组织集成是过程集成的保证。

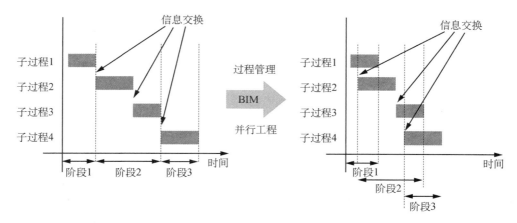

图 2-3　通过过程并行实现过程集成[18]

2.1.3　面向 BLM 的信息化管理

面向 BLM 的信息化管理涉及信息的创建、管理、共享和使用整个过程,其中每一个阶段都涉及变革性的思想、组织、方法和手段。BLM 中的信息化管理需要解决以下问题:

1) 在信息的创建阶段,在 BLM 理念下需要解决建筑产品方案的创造以及相关的信息集成问题,包括产品创意、空间几何数据、物料清单、成本和产品结构关系等,以及这些信息的参数化处理和相互关联处理,目前建筑信息模型(BIM)是其中的一个重要途径。

2) 在信息的管理和共享阶段,需要解决信息的分类、文档的产生、建筑产品数据的更新、信息的安全管理、信息的分发和交流等问题,以使项目各参与方和参与人员协同工作,目前基于网络的沟通与协作平台是其中的一个重要手段。

3) 在信息的使用阶段,需要解决所创建信息的利用问题,即从信息的最终用户角度出发获取信息,从传统的"推"转向"拉",将信息转化为知识,为建设工程项目增值提供服务。

通过面向 BLM 的信息化管理,将更好地进行建设工程项目管理,进而使建设项目增值,实现全生命周期成本的节约、建设周期的缩短、建筑生产力的提高、建筑品质的提高和项目文化的改善等。

2.2　BIM 技术理论与应用概述

在建筑行业内一直存在着产业结构分散、信息交流手段落后、建设项目管理缺乏综合性的控制等问题,解决这些问题的一个思路就是研究新的信息模型理论和建模方法,基于3D 几何模型建立面向建设项目生命周期的工程信息模型。2002 年国外提出 BIM 的概念,它是继 CAD 技术之后行业信息化最重要的新技术。据美国斯坦福大学 CIFE 中心的调查结论显示,与传统的项目管理模式相比,应用 BIM 技术可以使投资预算外变更降低

40%,造价耗费时间缩短 80%,造价误差控制在 3%以内,工程成本降低 10%,项目工期缩短 7%,这些都极大地推动了建筑业的发展。

2.2.1 BIM 技术基本理论

建筑信息模型(Building Information Modeling,BIM),是伴随着计算机技术蓬勃发展应运而生的建筑业产物。BIM 技术可以从三个方面进行理解:(1)计算机三维建筑信息模型(Building Information Model),即将二维的 CAD 图纸转化为三维的建筑信息模型,使建筑、结构、水电等不同专业的图纸信息集中到一个三维的建筑信息模型中,便于建筑信息整体的查看;(2)建筑信息模型(Building Information Modeling)的应用,即实现参数化的模型应用,利用三维建筑信息模型实现设计优化、管线综合、虚拟建造、工程量计算等应用,不断挖掘模型的价值,解决实际工程新的技术难题;(3)建筑信息模型平台管理(Building Information Management),即以三维信息模型为基础,搭建数字化项目管理平台,将设计管理、成本管理、质量和安全管理等方面,协同到项目管理平台上,实现以模型为基础的平台化、无纸化办公、精细化管理,从而提高工程管理效率[19]。BIM 技术主要有 8 个特点,分别介绍如下:

(1) BIM 技术具有可视化的特点。在 BIM 建筑信息模型中,整个过程都是可视化的,不仅可以用来进行效果图的展示及报表的生成,更重要的是,项目设计、建造、运营过程中的沟通、讨论、决策都在可视化的状态下进行。

(2) BIM 技术具有模拟性的特点。BIM 建筑信息模型可以模拟不能够在真实世界中进行操作的事物。在设计阶段,BIM 可以对设计上需要进行模拟的一些东西进行模拟试验;在招投标和施工阶段,BIM 可以进行 4D 模拟,从而确定合理的施工方案来指导施工,同时还可以进行 5D 模拟,从而实现成本控制;在后期运营阶段,BIM 可以对日常紧急情况的处理方式进行模拟,例如地震人员逃生模拟及消防人员疏散模拟等。

(3) BIM 技术具有协调性的特点。BIM 建筑信息模型可在建筑物建造前期对各专业的碰撞问题进行协调,生成协调数据,如电梯井布置与其他设计布置及净空要求的协调、防火分区与其他设计布置的协调、地下排水布置与其他设计布置的协调等。

(4) BIM 技术具有优化性的特点。现代建筑物的复杂程度大多超过参与人员本身的能力极限,BIM 模型提供了建筑物的实际存在的信息,包括几何信息、物理信息、规则信息,还提供了建筑物变化以后实际存在的信息。与其配套的各种优化工具提供了对复杂项目进行优化的可能。

(5) BIM 技术具有可出图性的特点。BIM 通过对建筑物进行可视化展示、协调、模拟、优化,可以帮助业主绘出综合管线图(经过碰撞检查和设计修改,消除了相应错误以后)、综合结构留洞图(预埋套管图)、碰撞检查侦错报告和建议改进方案等[20]。

(6) BIM 技术具有一体化性的特点。基于 BIM 技术可进行从设计到施工再到运营贯穿了工程项目的全生命周期的一体化管理。BIM 的技术核心是一个由计算机三维模型所形成的数据库,不仅包含了建筑的设计信息,而且可以容纳从设计到建成使用,甚至是使用周期终结的全过程信息。

（7）BIM 技术具有参数化性的特点。参数化建模指的是通过参数而不是数字建立和分析模型，简单地改变模型中的参数值就能建立和分析新的模型；BIM 中图元是以构件的形式出现，这些构件之间的不同，是通过参数的调整反映出来的，参数保存了图元作为数字化建筑构件的所有信息。

（8）BIM 技术具有信息完备性的特点。信息完备性体现在 BIM 技术可对工程对象进行 3D 几何信息和拓扑关系的描述以及完整的工程信息描述。

BIM 是在项目生命周期内生产和管理建筑数据的过程。BIM 的宗旨是用数字信息为项目各个参与者提供各环节的"模拟和分析"。BIM 的目标是实现进度、成本和质量的效率最大化，是为业主提供设计、施工、销售、运营等的专业化服务。BIM 不是狭义的模型或建模技术，而是一种新的理念及相关的方法、技术、平台、软件等。

2.2.2 BIM 技术的软件工具与应用

随着 BIM 技术在国内如火如荼地发展，各种 BIM 软件也在不断推陈出新。从 BIM 理念角度来看，由过去 CAD/CAC/CAM 软件改造而成的，具有一定 BIM 能力且符合 BIM 项目全生命周期及信息共享的理念的软件均为 BIM 软件，如天正 CAD 软件、PKPM 的结构 CAD 软件、盈建科结构 CAD 软件、鸿业的水电暖一体化软件、广联达造价软件和鲁班造价软件、清华大学开发的 4D 项目管理系统等。从建模角度来看，创建 BIM 模型软件，包括 BIM 核心建模软件（如 Revit Architecture/Structure/MEP，Bentley Architecture/Structural/Mechanical，ArchiCAD，Digital Project）、BIM 方案设计软件（Onuma，Affinity）和 BIM 接口的几何造型软件（Rhino，SketchUp，FormZ）。从项目生命周期角度来看，从方案设计、初步设计、施工图设计、施工及运营维护各不同阶段的应用来区分不同的 BIM 软件，如设计 BIM 软件、施工 BIM 软件、运维 BIM 软件[21]。本书主要从设计、施工、运维三个阶段所涉及的 BIM 软件进行分析，提出各阶段所对应软件的特点以及优势，对比部分同类型软件的差异性，供 BIM 应用者在使用 BIM 软件开展工作时对 BIM 软件有个清晰而又系统的了解，同时可作为 BIM 软件比选的依据[22]。

项目设计阶段需要进行参数化设计、日照能耗分析、交通线规划、管线优化、结构分析、风向分析、环境分析等，所涉及的软件主要包括基于 CAD 平台的天正系列、中国建筑科学研究院出品的 PKPM、Autodesk 公司的核心建模软件 Revit 等（见表 2-1）。

表 2-1 设计阶段的 BIM 软件

软件名称	特性描述
AutoCAD	二维平面图纸绘制常用工具
天正、TH-Arch、理正建筑	基于 AutoCAD 平台，完全遵循中国标准规范和设计师习惯，几乎成为施工图设计的标准，同时具备三维自定义实体功能，也可应用于比较规则建筑的三维建模方面（包含图片）

软件名称	特性描述
PKPM	中国建筑科学研究院出品,主要是结构设计,目前占据结构设计市场的95% 以上
广厦结构、探索者结构（ AutoCAD 平台）	完全遵循中国标准规范和设计师习惯,用于结构分析的后处理,出结构施工图
SketchUp	面向方案和创作阶段的,在建筑、园林景观等行业很多人用它来完成初步的设计,然后交由专业人员进行表现等其余方面的工作
Allplan	通过所有项目的阶段,一边制作建筑、结构的模型,可同时计算关于量和成本的信息
Revit	它是一款优秀的三维建筑设计软件,集 3D 建模展示、方案和施工图于一体,使用简单,但复杂建模能力有限,且由于对中国标准规范的支持问题,结构、专业计算和施工图方面还难以深入应用起来
Midas	主要针对土木结构,特别是分析预应力箱型桥梁、悬索桥、斜拉桥等特殊的桥梁结构形式,同时可以做非线性边界分析、水化热分析、材料非线性分析、静力弹塑性分析、动力弹塑性分析
STAAD	具有强大的三维建模系统及丰富的结构模板,用户可方便快捷地直接建立各种复杂三维模型。用户亦可通过导入其他软件(例如 AutoCAD) 生成的标准 DXF 文件在 STAAD 中生成模型。对各种异形空间曲线、二次曲面,用户可借助 Excel 电子表格生成模型数据后直接导入到 STAAD 中建模
Ansys	主要用于结构有限元分析、应力分析、热分析、流体分析等的有限元分析软件
SAP2000	适合多模型计算,拓展性和开放性更强,设置更灵活,趋向于"通用"的有限元分析,但需要熟悉规范
Xsteel	可使用 BIM 核心建模软件提交的数据,对钢结构进行面向加工、安装的详细设计,即生成钢结构施工图
ETABS	结构受力分析软件,适用于超高层建筑结构的抗震、抗风等数值分析
Caitia	起源于飞机设计,最强大的三维 CAD 软件,具有独一无二的曲面建模能力,应用于最复杂、最异形的三维建筑设计
FormZ	它是一款备受赞赏、具有很多广泛而独特的 2D /3D 形状处理和雕塑功能的多用途实体和平面建模软件
犀牛 Rhino	广泛应用于工业造型设计,简单快速,不受约束的自由造型 3D 和高阶曲面建模工具,在建筑曲面建模方面可大展身手
ArchiCAD	欧洲应用较广的三维建筑设计软件,集 3D 建模展示、方案和施工图于一体,但由于对中国标准规范的支持问题,在结构、专业计算和施工图方面还难以应用起来
Architecture 系列三维建筑设计软件	功能强大,集 3D 建模展示、方案和施工图于一体,但使用复杂,且由于对中国标准规范的支持问题,在结构、专业计算和施工图方面还难以深入应用起来

续表

软件名称	特性描述
Navisworks	Revit 中的各专业三维建模工作完成以后,利用全工程总装模型或部分专业总装模型进行漫游、动画模拟、碰撞检查等分析
3D MAX	效果图和动画软件,功能强大,集 3D 建模、效果图和动画展示于一体,但非真正的设计软件,只用于方案展示
理正给排水、天正给排水、浩辰给排水、鸿业暖通、天正暖通、浩辰暖通、博超电气、天正电气、浩辰电气	基于 AutoCAD 平台,完全遵循中国标准规范和设计师习惯,集施工图设计和自动生成计算书于一体,应用广泛
PKPM 节能、斯维尔节能、天正节能、天正日照、众智日照、斯维尔日照	均按照各地气象数据和标准规范分别验证,可直接生成符合审查要求的分析报告书及审查表,属规范验算类软件
IES ＜VirtualEnvironment＞	用于对建筑中的热环境、光环境、设备、日照、流体、造价,以及人员疏散等方面的因素进行精确的模拟和分析,功能强大

施工建设阶段主要包含施工模拟、方案优化、施工安全、进度控制、实时反馈、工程自动化、供应链管理、场地布局规划、建筑垃圾处理等工序。所涉及的 BIM 软件主要包括用于碰撞检查、制作漫游、施工模拟的 Navisworks,微软开发的用于协助项目经理发展计划、为任务分配资源、跟踪进度、管理预算和分析工作量的项目管理软件程序 Microsoft Project,广联达自主研发的算量、计价、协同管理系列软件等(见表 2-2)。

表 2-2　施工阶段的 BIM 软件

软件名称	特性描述
鲁班软件	预算软件有鲁班土建、鲁班钢筋、鲁班安装(水电通风)、鲁班钢构和鲁班总体;计价软件有鲁班造价;企业级 BIM 软件有 Luban MC 和 Luban BIM Explorer
Navisworks	碰撞检查,漫游制作,施工模拟
Microsoft Project	由微软开发销售的项目管理软件程序,软件设计目的在于协助项目经理发展计划、为任务分配资源、跟踪进度、管理预算和分析工作量
筑业软件	省市的建筑软件、工程量清单计价软件、标书制作软件、建筑工程资料管理系统、市政工程资料管理系统、施工技术交底软件、施工平面图制作及施工图库二合一软件、装修报价软件、施工网络计划软件、施工资料及安全评分系统、施工日志软件、建材进出库管理软件、施工现场设施安全及常用计算系列软件等工程类软件。广泛应用于公用建筑、民用住宅、维修改造、装饰装修行业
广联达	BIM 算量软件:广联达钢筋算量软件、广联达土建算量软件、广联达安装算量软件、广联达精装算量软件、广联达市政算量软件、广联达钢结构算量软件等。BIM 计价软件:广联达计价软件。BIM 施工软件:广联达钢筋翻样软件、施工场地布置软件。BIM 管控软件:BIM5D、BIM 审图、BIM 浏览器。BIM 运维软件:广联达运维软件

软件名称	特性描述
品茗	计价产品:品茗胜算造价计控软件、神机妙算软件。算量产品:品茗 D+工程量和钢筋计算软件、品茗手算+工程量计算软件。招投标平台:品茗计算机辅助评标系统。施工质量:品茗施工资料制作与管理软件、品茗施工软件。施工安全:品茗施工安全设施计算软件、品茗施工安全计算百宝箱、品茗施工临时用电设计软件。工程投标系列:品茗标书快速制作与管理软件、品茗智能网络计划编制与管理软件、品茗施工现场平面图绘制软件
TH-3DA2014	实现土建预算与钢筋抽样同步出量的主流算量软件,在同一软件内实现了基础土方算量、结构算量、建筑算量、装饰算量、钢筋算量、审核对量、进度管理及正版 CAD 平台八大功能,避免重复翻看图纸、重复定义构件、设计变更时漏改,达到一图多算、一图多用、一图多对,全面提高算量效率
TSCC 算量软件	自动从结构平法施工图中读取数据,计算构件砼和钢筋用量,统计各构件、各结构层和全楼钢筋、混凝工程量,并可根据需要生成各种统计表
神机妙算四维算量软件	图形参数工程量钢筋自动计算新概念,少画图,甚至不需要画图,就可以自动计算工程量钢筋,不但可以自动计算基础、结构、装饰、房修工程量,还可以自动计算安装、市政、钢结构工程量,跟预算有关的所有工程量钢筋都可以自动计算
海迈爽算土建钢筋算量软件	爽算土建钢筋算量软件是一款应用于建设工程招投标阶段、施工过程提量和结算阶段的土建和钢筋(二合一)工程量计算软件。主要面向工程领域中各单位的工程造价人员
金格建筑及钢筋算量软件	金格建筑及钢筋算量软件 2013 是金格软件的换代产品,它集成了原有的建筑表格及钢筋算量软件,并融入 CAD 图识别提量,使其成为"图表合一,量筋合一"的综合集成算量软件,是基于自主平台的算量软件
比目云	基于 Revit 平台的二次开发插件,直接把各地清单定额做到 Revit 里面,扣减规则也是通过各地清单定额规则来内置的,不再通过插件导出到传统算量软件里面,直接在 Revit 里面套清单、查看报表,而且报表比 Revit 自带明细表好多了,也能输出计算式

在运维阶段,可以利用 BIM 工具实现智能建筑设施、大数据分析、物流管理、智慧城市、云平台存储等,大大提高了管理效率(见表 2-3)。

表 2-3　运维阶段的 BIM 软件

软件名称	特性描述
Ecodomus	欧洲占有率最高的设施管理信息沟通的图形化整合性工具,举凡各项资产(土地、建物、楼层、房间、机电设备、家具、装潢、保全监视设备、IT 设备、电信网络设备),其优势是 BIM 模型直接可以轻量化在该平台展示出来
ArchiBUS	用于企业各项不动产与设施管理信息沟通的图形化整合性工具,举凡各项资产(土地、建物、楼层、房间、机电设备、家具、装潢、保全监视设备、IT 设备、电信网络设备)、空间使用、大楼营运维护等皆为其主要管理项目
WINSTONE 空间设施管理系统	可直接读取 Navisworks 文件,并集成数据库,用起来方便实用

2.2.3　基于 BIM 技术的建设项目信息集成管理模式与选择

由于采用不同的项目采购模式,利益相关方信息需求不同,对项目产生的影响不同,BIM 技术在其中的应用也不同,所需的信息交付需求随之改变。因此项目信息集成管理模式与选择的第一步就是确定理想的 BIM 工程项目中的最佳工程采购模式,然后对该模式下的利益相关者信息交付需求进行分析。

现如今 BIM 工程项目有四种主要的采购模式:设计-招标-建造(Design-Bid-Build,DBB)、设计-建造(Design-Build,DB)、风险型施工管理(Construction Management at Risk,CM@R)以及集成项目交付(Integrated Project Delivery,IPD)。

1) 设计-招标-建造(DBB)

设计-招标-建造(DBB)模式是一种在国际上比较通用的模式。DBB 模式是专业化分工的产物。业主分别与设计和施工承包商签订合同,在设计全部完成后进行招投标,然后进入施工。这种方式把对方视为对手,大量时间都用在研究合同条款上,出现问题主要通过合同、风险转移和法律诉讼加以解决,缺少预测问题和解决争论的机制和方法。

DBB 模式的优点是,参与工程项目的三方即业主、设计机构、承包商在各自合同的约定下,各自行使自己的权利和履行义务。其缺点是设计的可施工性差,监理工程师控制项目目标能力不强、工期长,不利于工程事故的责任划分,可能会因为图纸问题产生争端等[23]。

2) 设计-建造(DB)

设计 - 建造(DB)模式是一种逐渐被广泛应用的项目管理模式,也是我国逐渐新兴的项目管理模式。业主仅与一方即设计 - 建造方签订合同,设计 - 建造方负责项目的设计与施工,业主也可以雇佣顾问来更多地介入项目的管理与控制。

DB 模式的优点是,设计阶段与施工阶段具有重叠部分,缩短了整体项目周期,实现设计与施工的信息交流、协作,责任明确,减少项目延期的可能,降低造价。其缺点是工程成本不明晰,业主对于项目的决策权与参与权都甚微,可能出现设计屈服于施工成本的压力,从而降低工程的整体质量和性能[24]。

3) 风险型施工管理(CM@R)

在风险型施工管理(CM@R)模式中,业主首先选择设计单位并与之签订设计合同,委托其对拟建项目进行可行性研究与技术设计;当设计工作完成大约三分之一时,业主招标选择风险型施工管理师(CM/Contractor),要求其在设计阶段给出施工建议并完成施工任务,与之签订 CM 合同,其形式常为成本加酬金合同(Cost Plus Fee),业主往往将限定最高价偿付合同(Guaranteed Maximum Price,GMP)列入 CM 合同中,如果实际造价超过 GMP,风险型施工管理师承担超出的部分,如果少于 GMP 则节余部分归业主所有或由业主与风险型施工管理师分享(由合同规定);当设计完成时,一般情况下风险型施工管理师作为总承包商会将部分甚至全部施工任务分包给各专业分包商。其"风险"在于风险型施工管理师同时承担总承包商的任务,且为超出 GMP 的部分赔偿。

CM@R 模式的优点是,便于实现快速跟进,可施工性信息可以早期植入设计阶段,工程造价早期即可确定,如 CM 合同中常见的限定最高价偿付合同(GMP),缩短项目周期的可能性提高。其缺点是风险型施工管理师与设计方共同承担设计责任,可能出现推卸责任的情况;而且,由于业主选择风险型施工管理师的方式往往是基于资质而不是通过招标选择最低价的投标者,所以工程造价可能偏高。

4)集成项目交付(IPD)

美国建筑师协会(AIA)在其发布的《综合项目交付指南》中对 IPD 做出定义,即 IPD 是一种利用团队成员早期的贡献知识和专业技能,通过新技术的应用,让所有的团队成员能够更好地实现他们的最大潜力,以实现团队成员在整个建设项目全生命周期的价值最大化的交付方式[25]。也就是说,IPD 模式是在一套完整的专属标准合同的约束下,通过组建一支由主要参与方组成的利益共享、风险共担的项目团队,使所有参与方的利益与项目整体目标一致,保证跨专业、跨职能的合作[26]。在 IPD 模式中,项目各主要参与方在项目早期就参与到项目中来,并充分发挥各参与方不同的知识、经验和社会关系等重要资源,提高了工作效率,保障了项目的顺利开展。此外,项目各参与方的早期介入使他们能够在早期就能确定项目的目标和计划,同时 IPD 模式通过 Revit 等 BIM 软件的应用,能够使业主提前知道项目的成果,更大程度地满足业主的愿望。

说到 BIM 的应用,通常的问题是围绕在根据专案团队在单一或数个数位模型上协作过程的好坏及协作阶段而决定了这项技术为正向变革带来的提升或减损作用。由于 DBB 模式下各个阶段的参与方之间缺乏沟通与交流,每开始一个新的阶段的任务时大量信息就需要重新生成或复制,故而这种高度分离的工作模式给 BIM 的应用带来了重重阻碍,通常 BIM 的应用往往只能局限在项目的某一个阶段。相比 DBB 模式,DB 模式由一方完成设计与建造任务,加强了信息的交流与共享,为 BIM 的应用提供了便利。CM@R 模式允许建造者在设计过程的初期参与,增加了使用 BIM 和其他协作工具的好处。IPD 模式下的项目管理需要基于 BIM 来完成,因为各参与方之间的协同工作需要进行频繁的信息交流,而 BIM 这种集成化的信息库将大大提高信息交流的效率。因此,BIM 技术是 IPD 模式的主要技术支撑。利用 BIM 技术,可协同完成 IPD 设计施工任务,进行 IPD 项目的成本和进度控制,对 IPD 项目进行运营和维护。综合以上分析,理想情况下,BIM 工程项目中的最佳采购模式是 IPD。

2.3 BIM 技术相关标准体系

BIM 技术的出现,使得建筑项目的信息能够在全生命各阶段无损传递,大大提高信息的传递效率,进而实现各工种、各参与方的协同作业。但科学的东西必须有标准,需要制定相应的 BIM 标准,建立起共同的信息集成、共享和协作标准体系,从而推动 BIM 在深度与广度方向的发展[27]。

2.3.1　BIM 标准概述

BIM 标准，即建筑信息模型标准，但它指的不单纯是一个数据模型传递的数据格式标准以及对模型中各构件的命名，还应该包括对不同参与方之间交付传递数据的细度、深度、内容与格式等的规定，整个标准的制定能对整个信息的录入和传递形成一个统一的规则。对于发布的 BIM 标准，目前在国际上主要分为两类：一类是由 ISO 等认证的相关行业数据标准，另一类是各个国家针对本国建筑业发展情况制定的 BIM 标准。行业性标准主要分为 IFC（Industry Foundation Class，工业基础类）、IDM（Information Delivery Manual，信息交付手册）、IFD（International Framework for Dictionaries，国际字典）三类，它们是实现 BIM 价值的三大支撑技术，分别介绍如下：

IFC 标准是由国际协同产业联盟 IAI（Industry Alliance for Interoperability，现更名为 Building SMART International）发布的面向建筑工程数据处理、收集与交换的标准。IFC 标准的制定旨在解决各项目参与方、各阶段之间的信息传递和交换问题，从二维角度出发解决数据交换与管理问题。为不同软件之间提供连接通道、解决数据之间互不相容的问题是 IFC 标准的一大突破。当建设工程项目中同时运用多个软件，可能存在软件之间的数据不能够相互兼容的问题，导致数据无法交换，信息无法共享，而 IFC 标准作为连接软件之间的桥梁通道，最大限度地解决了数据交换和信息共享问题，从而节约了劳动力和设计成本[28]。

随着 BIM 技术的应用推广，用户对于信息共享与传递过程中数据的完整性和协调性的要求越来越高，IFC 标准已无法解决此类问题。因而需构建一套能够将项目指定阶段信息需求进行明确定义以及将工作流程标准化的标准——IDM 标准。IDM 标准可解决 IFC 标准在部署时遇到的瓶颈——对于 IFC 兼容的软件，如何确保那些不熟悉 BIM 以及 IFC 的用户收到的信息是完整正确的，并且能够用于工程应用的特定阶段。IDM 标准制定旨在将收集到的信息进行标准化，然后提供给软件商，最终实现与 IFC 标准的映射，并且 IDM 标准能够降低工程项目过程中信息传递的失真性以及提高信息传递与共享的质量，使得 IDM 标准在 BIM 技术运用过程中创造巨大价值。

仅拥有 IFC 和 IDM 标准，不足以支撑 BIM 在工程全生命周期标准化的要求，还需一个能够在信息交换过程中提供无偏差信息的字典——IFD 标准。换言之，IFD 标准是与语言无关的编码库，储存着 BIM 标准中相关概念对应的唯一编码，为每一位用户提供所需要的无偏差信息，包含了信息分类系统与各种模型之间相关联的机制。IFD 标准解决了由于全球语言文化差异给 BIM 标准带来的难以统一定义信息的困难，在这本字典里，每一个概念都由唯一标识码来定义，若由于文化背景不同难以识别，则可以通过 GUID 与其对应找到所需的信息。这一标准为所有用户提供了便捷通道，并且能够确保每一位用户得到信息的有用性与一致性。

在国内，清华大学软件学院 BIM 课题组参考美国 NBIMS 提出了中国建筑信息模型标准框架（China Building Information Model Standards，CBIMS），框架中包含了 CBIMS

的技术标准——数据存储标准 IFC、信息语义标准 IFD 与信息传递标准 IDM，以及 CBIMS 实施标准框架，从技术标准上升到实施标准，从资源标准、行为标准和交付标准三方面规范建筑设计、施工、运营三个阶段的信息传递，其结构体系见图 2-4。

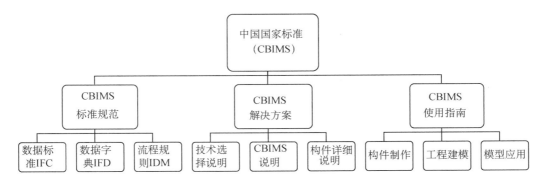

图 2-4　中国国家标准 CBIMS 标准框架体系结构[28]

此外，国家也正在加快标准化进程以及信息化标准编制。《建筑信息模型应用统一标准》《建筑信息模型分类和编码标准》《建筑工程信息模型存储标准》《建筑信息模型交付标准》《制造工业工程设计信息模型应用标准》《建筑信息模型施工应用标准》等六本相关标准已被纳入国家 BIM 标准体系计划中，其中，《建筑信息模型应用统一标准》《建筑信息模型施工应用标准》和《建筑信息模型分类和编码标准》已分别于 2017 年 7 月 1 日、2018 年 1 月 1 日、2018 年 5 月 1 日起开始实施。随着 BIM 标准体系的不断完善，BIM 技术将能更好地发挥其在建筑业的效用。

2.3.2　IFC 标准体系

IFC 标准对建筑信息的表达运用了面向对象（Object-Oriented）的设计思想，以实体（Entity）数据类型作为对现实描述的最小信息单元。如图 2-5 所示，IFC 的总体框架是分层和模块化的，其体系可以被分为 4 层，最下层为资源层，往上依次是核心层、共享层和领域层，而每个层次内又包含若干模块，每个模块内又包含了不少信息。各层中的资源都遵循"重力原则"，即下层的所有实体可以被上层引用，但上层的实体不能被下层引用。正是由于这种良好的继承和引用体系，使 IFC 标准保持了良好的稳定性和扩展性。

IFC 标准资源层（IFC-Resource Layer）：作为整个体系的基本层，IFC 任意层都可引用资源层中的实体。该层主要定义了工程项目的通用信息，这些信息独立于具体建筑，没有整体结构，是分散的基础信息。该层核心内容主要包括属性资源（Property Resource）、表现资源（Representation Resource）、结构资源（Structure Resource）。这些实体资源主要用于上层实体资源的定义，以显示上层实体的属性。

IFC 标准核心层（IFC-Core Layer）：该层之中主要定义了产品、过程、控制等相关信息，主要作用是将下层分散的基础信息组织起来，形成 IFC 模型的基本结构，然后用以描

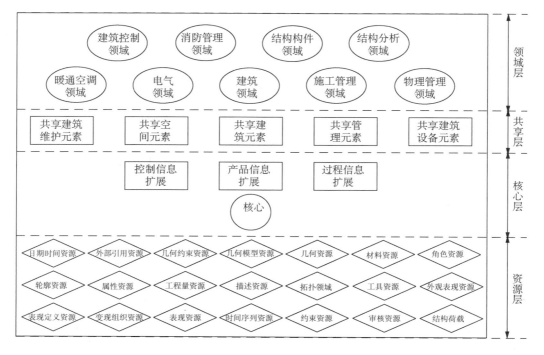

图 2-5　IFC 标准的体系架构[29]

述现实世界中的实物以及抽象的流程,在整个体系之中起到了承上启下的作用。该层提炼定义了适用于整个建筑行业的抽象概念,比如 IFCProduct 实体可以描述建筑项目的建筑场地、建筑空间、建筑构件等。

　　IFC 标准共享层(IFC-Interoperability Layer):共享层主要是服务于领域层,使各个领域间的信息能够交互,同时细化系统的组成元素,具体的建筑构件如板(IFCSlab)、柱(IFCColumn)、梁(IFCBeam)均在这一层被定义。

　　IFC 标准领域层(IFC-Domain Layer):作为 IFC 体系架构的顶层,该层主要定义了面向各个专业领域的实体类型。这些实体都面向各个专业领域具有特定的概念,比如暖通领域(HVAC Domain)的锅炉、管道等[29]。

　　IFC 标准本质上是建筑物和建筑工程数据的定义,反映现实世界中的对象。它采用了一种面向对象的、规范化的数据描述语言 EXPRESS 语言作为数据描述语言,定义所有用到的数据。EXPRESS 语言通过一系列的说明来进行描述,这些说明主要包括类型说明(Type)、实体说明(Entity)、规则说明(Rule)、函数说明(Function)与过程说明(Procedure)。EXPRESS 语言中语言的定义和对象描述主要靠实体说明(Entity)来实现,在 IFC2×3 中共定义了 653 个实体类型。一个实体说明定义了一种对象的数据类型和它的表示符号,它是对现实世界中一种对象的共同性质的描述。对象的特性在实体定义中则使用类的属性和规则来表达。实体的属性可以是 EXPRESS 中的简单数据类型(数字、字符串、布尔变量等),更多的是其他实体对象。

2.3.3 分类编码标准

信息分类是指将具有某种共同属性或特征的信息归并在一起。信息编码是指将表示信息的某种符号体系转换成便于电子计算机或人能够识别和处理的另一种符号体系的过程。信息分类编码标准化是指将信息按照科学的原则进行分类并加以编码,经有关方面协商一致,由标准化主管机关批准发布,作为各单位共同遵守的准则,并作为有关的信息系统进行信息交换的共同语言使用。将信息进行分类编码,使表示事物或概念的名称术语以代码的形式标准化,有利于计算机或人识别、查找,方便信息的收集、处理、存储和快速传递[30]。

对于建筑业来说,建筑工程现代信息系统无论在本地还是网络都需要交换大量的数据,如技术性能数据、经济数据、维护数据等。这些信息的交互除了数据交换格式外,更重要的是需要一个与建筑工程相关的分类与编码系统,对建筑工程中的大量数据进行索引与数据的有序储存,这是文档管理、数据交互、储存的一个必要条件。简单地说,分类和编码就是组织建设的工作结果、要求、产品与活动相关信息的一个标准序列主题词和编码的总列表[31]。

国家现已施行的《建筑信息模型分类和编码标准》是一个基础的标准,主要用于解决信息的互通共享和交流传递。其针对建筑工程设计当中几乎所有的构件、产品、材料等元素,以及建筑工程设计当中所涉及到的各种行为,都做了一个数字化的编码。这就好像每个人都有身份证编码一样,它的分类、检索、管理等会非常有序,且大家都能形成一个统一的语言,让建筑上下游产业间的数据语言能够沟通明白,确保信息能够非常准确地从一方传递到另一方。该分类编码标准将建筑工程中涉及的对象划分为三大部分,包括建设资源、建设进程和建设成果,如图 2-6 所示。

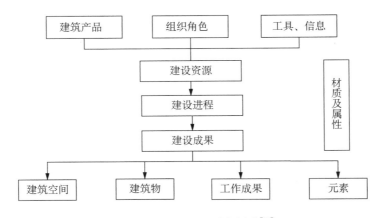

图 2-6　建设工程对象划分[34]

该标准对工程建设各参与方都将发挥出巨大的价值。比如对于施工单位来讲,BIM分类和编码标准更加重要,因为它需要与工程造价、采购、清单等多方面挂钩,如果没有相应的标准,工程量则需要按照目前的规则进行统计。此外,算量公司采用的方法大多是将模型进行转换后再重新计算,随着《建筑信息模型分类和编码标准》的出台,算量公司就不需要再做如此繁琐的工作,在设计阶段就可以轻松、准确地将工程量统计出来。

我国 BIM 的发展虽起步较晚但发展迅速,标准的编制正值快速发展期。随着技术的不断进步,BIM 标准将不断地更新调整,逐步完善。而 BIM 标准的普及和应用也将引导 BIM 技术朝着更加规范化的方向发展。总之,BIM 技术与相关标准相互促进,将更好地推动建筑业的发展。

2.4　本章小结

本章重点介绍了 BIM 技术及建筑全生命周期管理(BLM)的基本理论与应用,指明将 BIM 技术应用于建筑项目全生命周期中,将二者更好地融合应用,能够大大提高信息在项目各阶段的传递效率,进而实现各工种、各参与方的协同作业。

3　BIM 技术在装配式建筑设计中的应用

随着越来越多装配式建筑的出现,其在设计阶段面临的信息需高度集成共享、设计精确度要求高以及设计需满足标准尺度体系的挑战也日益凸显。BIM 技术具有的特点恰好能够迎合上述挑战,更好地服务于装配式建筑全过程,推动建筑工业化发展。本章将重点介绍 BIM 技术在装配式建筑设计中的关键技术、相关族的构建应用以及 BIM 在装配化装修中的应用。

3.1　BIM 技术对装配式建筑设计应用的必要性

装配式建筑是未来建筑行业的发展趋势,这也符合我国的国策。装配式建筑生产周期短、结构性能强,可以取得良好的经济效益和社会效益,未来将会有越来越多的装配式建筑出现,主要集中于住宅、公共建筑、商业大厦、工厂厂房等。但随着经济和社会的发展,对建筑的设计要求越来越高,建筑设计师在考虑了自然、人文、技术及资金等方面的条件下,设计得到建筑内外空间组合、环境与造型及细部的构造做法,并与建筑结构、设备等工种相互协调。由于装配式建筑的建造过程有别于传统建筑,其建筑设计也面临新的挑战。

1) 装配式建筑设计的各专业之间以及设计、生产和拼装部门之间的信息需要高度集成和共享,做到主体结构、预制构件、设备管线、装修部品和施工组织的一体化协作,优化设计方案,减少"信息孤岛"造成的返工和临时修改。

2) 装配式建筑构件采用工厂化的生产方式,因此对设计图纸的精细度和准确度的要求较高,例如,提高预留预埋节点和连接节点的位置和尺寸精度,降低预制构件的尺寸误差,加强防水、防火和隔音设计等。

3) 装配式建筑及其构配件的设计需要满足规定的标准尺度体系,实现建筑部件的通用性及互换性,使规格化、通用化的部件适用于不同建筑,而大批量的规格化、定性化部件的生产可降低成本,提高质量,真正实现建筑的工业化生产方式。

从现阶段的装配式建筑所面临的种种问题可以看出,目前传统的建筑设计方式无法从根本上满足装配式建筑的"标准化设计、工厂化生产、装配化施工、一体化装修和信息化管理"等方面的要求。因此,BIM 成为建筑业各方关注的焦点,同时也是实现国家要求的建筑业信息化的重要保障。BIM 技术具有建筑模型精确设计、各设计专业以及生产过程信息集成、建筑构配件标准化设计等特点,更好地服务于装配式建筑设计、生产、施工、管理的全过程,进一步推动建筑工业化进程。

3.2　BIM 建筑设计工具

　　建筑设计主要解决建筑物内部使用功能和使用空间的安排、建筑物与周围环境和外部条件的协调配合、内部和外表的艺术效果,以及各个细部的构造方式。建筑设计专业 BIM 软件主要包括 BIM 方案设计软件、建筑三维模型软件、建筑效果可视化软件和建筑信息模型软件。方案初设阶段,建筑师和业主通常需要通过三维展示设计的初步模型和环境艺术图片进行方案的优选,该类工具中较为突出的软件有 Onuma Planning System 和专业规划软件 Affinity 软件等。当遇到体型复杂、体量大的建筑时可以使用专门的几何造型软件进行建筑体型分析。这些专业几何软件通常不属于 BIM 软件,但其多数具有和 BIM 软件相通的接口,其中具有代表性的几何造型软件如建筑主体造型软件 SketchUp 和建筑表面幕墙造型分析软件 Rhino 软件。在建筑设计阶段,业主通常会通过效果图评价建筑方案。基于 BIM 的建筑效果可视化软件可以通过渲染几何三维模型模拟真实的建筑效果,及时对建筑方案做出修改意见。国内常用的渲染效果软件以 Autodesk 公司的 3D MAX 软件为主流软件,还有其他软件如注重光影效果的 Lightscape 软件等。从建筑主体方案敲定后,便进入建筑设计和设计信息记录阶段。作为 BIM 软件,必须支持建筑模型的建立、施工图的绘制和预制构件的管理等[32]。常见的 BIM 建筑设计工具包括:Autodesk Revit Architecture,Bentley,ArchiCAD 等。

3.3　基于 BIM 的装配式建筑设计关键技术

3.3.1　设计流程

　　预制装配式建筑的核心是预制构件,在施工阶段中预制构件能否按计划直接拼装,取决于预制构件的设计质量,因此预制装配式建筑的设计阶段非常关键。预制构件的设计过程涉及多角色间配合,与一般建筑相比,对信息传递准确度和及时度要求都较高。

　　一般建筑的设计流程,主要由土建专业先建立建筑方案设计模型作为基础,并配合机电专业依次按照项目阶段进行设计与建模工作,最后形成施工图设计模型。而预制装配式建筑的设计流程,应在一般建筑的流程上,考虑预制构件在整个流程中的特殊性,加入预制构件选择(从构件库中提取)、预制构件初步设计和预制构件深化设计等环节,重新布置设计流程。如图 3-1 所示。

　　整个 BIM 设计流程分为方案设计、初步设计、施工图设计和构件深化设计 4 个阶段,其中预制构件设计在初步设计和构件深化设计两个阶段。

构件的外观和功能设计是初步设计的基础。合理的预制构件类型和尺寸选择,将极大程度提升构件的批量规模,提高效率,体现工业化生产的优势。

在整个设计流程中,预制构件深化设计是关键环节,它集合了多方角色的需求,构件的开洞留孔、预埋、防水保温、配筋、连接件等信息都是在设计阶段就已精确计算好,并能直接生产成型。这要求预制构件在深化设计时,就应综合考虑土建、机电、建材、施工以及生产等参与方,将各方的需求转换为实际可操作的模型与图纸。通过预制构件深化设计,在预制构件生产前即对后续各方功能的实现进行宏观把握,最终形成预制构件深化设计的高度集成化。

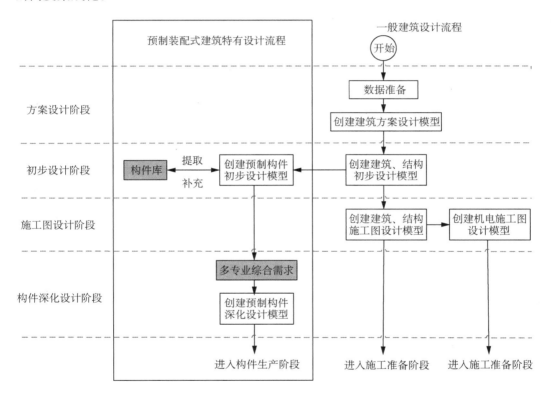

图 3-1 预制装配式建筑 BIM 设计流程图[33]

1)方案设计阶段

在方案设计阶段,土建专业准备文件,创建建筑方案设计模型,作为整个 BIM 模型的基础,为建筑后续设计阶段提供依据及指导性的文件。

2)初步设计阶段

在初步设计阶段,土建专业依据技术可行性和经济合理性,在方案设计模型的基础上,创建建筑初步设计模型和结构初步设计模型。在预制构件方面,土建专业依据设计方案中的外观与功能需求,从构件库中选择合适的预制构件,建立预制构件初步设计模型。若有新增构件则添加到构件库中进行完善,保持对构件库的更新。

3）施工图设计阶段

在施工图设计阶段,土建专业与机电专业进行冲突检测、三维管线综合、竖向净空优化等基本应用,创建土建施工图设计模型与机电施工图设计模型,并交付至施工准备阶段。

4）构件深化设计阶段

在构件深化设计阶段,预制构件相关的各参与方分别提出各自的需求,通过施工总承包方的综合,集中反映给构件生产商,构件生产商根据自身构件制作的工艺需求,将各需求明确反映于深化图纸中,并与施工总承包方进行协调,尽可能实现一埋多用,将各专业需求统筹安排。最终由总承包单位依据集合后的各专业需求对深化设计成果进行审核,形成最终构件深化模型,并交付给构件生产商进行构件的生产[33]。

3.3.2　设计标准

为使相应 BIM 技术在预制装配式建筑中得到较为理想的运用,还需围绕着相关标准进行不断完善,使其应用具备更为理想的实效性。这一标准的构件需要满足于国家现有相关标准的基本要求,然后结合预制装配式建筑的基本特点进行自身调整优化,其主要的标准如下:

1）分类标准

对于预制装配式建筑中 BIM 技术的应用规范化控制而言,需要从分类标准方面进行控制。各个设计流程中涉及的所有任务划分、角色划分、构件划分等,都需要进行标准层面的分类,如此才能够充分提升其整体落实效果。

2）格式统一

对于 BIM 技术的实际落实运用而言,还需要使其在预制装配式建筑中落实能够统一所有信息格式,使其相关信息数据能够具备更强的相互匹配性,能够达到交互应用效果,尤其是对于数据格式,必须进行统一。

3）交付标准

在预制装配式建筑中运用 BIM 技术还需要使其能够在信息交付中具备合理的标准要求,使其相应交付流程以及具体的交付文件都能够较为规范,并且能够完成上下游信息的有效过渡,避免出现交付偏差。

4）信息编码标准

在预制装配式建筑的 BIM 技术运用中,还需要结合国家统一标准进行规范,使其相应信息编码标准能够较为统一,如此也就能够为后续应用提供较强的协调维护价值效果[34]。

3.3.3　设计方法

装配式建筑设计对后期的施工具有重要的作用,传统的设计形式明显无法满足要求,但 BIM 技术的设计应用还存在利用效果不足等问题,制约了装配式建筑设计的效果,下文结合实际的工程案例提出了三点意见。

1）完善 BIM 建筑数据库，整合建筑工序

BIM 技术在建筑领域被广泛使用，装配式建筑设计应用的环节首要的一点就是建立完整的数据库，为后续的建筑设计和施工提供参考。数据库的建立，必须注重装配式建筑工序的整合，将组装配件、电气设备以及施工器械等内容添加到 BIM 平台上。由于数据库信息的冗杂，BIM 系统要按照不同的程序和类别以统一标准的记录单对每个设计环节有针对性地管理。同时，建筑工序的整合还要利用 BIM 技术的分层模块的特点，通过三维处理方法把设计的平面施工方案转变为立体动态模型，方便设计人员及时找出问题所在，尽快修正。

2）建立标准化建筑设计平台

以往的装配式建筑设计将施工设计与设计工作分离，只重视建筑主体和结构，忽视了施工环节，导致设计方案与实际的工程出现不适应的情况，所以 BIM 技术在应用的过程中要注意到这一点，融合生产方式建立标准化的综合建筑设计平台，先要建立操作模式系统，把技术标准和模块设计作为重点内容。技术标准的确定，可参考装配式建筑的相关技术操作标准，并围绕 BIM 技术的关键因素。模块系统的设计，简单来说就是将复杂的装配式建筑拆分成多个小的模块，借助 BIM 技术连接到一起，降低了建筑设计的难度，只需要在录入完成后把多个模块组装到一起即可，设计效率和质量都有了很大的提升。

建筑模块设计的过程中，可分成三个步骤：（1）前期系统设计。模块化需要借助一定的数据支持，在前期设计的过程中，需对建筑的每个环节综合考虑，明确系统设计的目的和内容。（2）模块阶级的划分。在装配式建筑设计的内容中，包括了空间的功能区块划分，模块的划分就需要考虑到这一点，将空间按照不同的功能合理划分。（3）模块的组合分析。不同的建筑样式，空间模块的组成也不同，可以借助 BIM 技术的三维模拟技术，试验多种模块组合方案，以便得出最佳的方案。

比如，位于长春市的某装配式建筑住宅。该工程共有七个单体，建筑总面积约为13 万 m²，采用了工程总承包模式（Engineering Procurement Construction）。在利用 BIM 技术进行模块设计时，先要明确建筑施工的目的和内容。本工程是装配整体式剪力墙结构体系，需要考虑的内容主要有框架梁体的安装、楼梯的架设和梁体的混凝土浇筑。接着，因工程是住宅建筑，模块阶级的设计需从建筑单元和单个空间设计。整体空间的功能模块设计，可分成楼梯空间（叠合楼板等因素）、阳台、剪力墙、标准层等。单个空间设计则要从室内空间功能划分，如客厅、卧室等。最后，结合用户的需求在平台上对各级模块组合，设计为 A＋C 户型结构[35]。

3）装配构件拆分设计

通过上文的分析可知，BIM 技术对装配式建筑的优势中，对装配构件的拆分设计是重要的内容之一。这一设计形式简而言之，指的是将复杂的装配建筑整体拆分为多个个体。在实际的设计过程中，需要按照三个程序进行。第一，设计工序的标准化。BIM 技术下，装配式建筑设计可以依托于网络平台进行，工序上要对整体全面分析，各个独立的个体

也需要计算数量和质量。第二,按照设计流程进行,并构建相应的数据库,为三维模型的设计提供准确的数据参考。第三,分别对建筑的内部和外部空间进行拆分,绘制平面图。

例如,以保障性剪力墙结构建筑为例。首先,构建 BIM 技术平台制定标准化的设计工序,并要求不同阶段的设计人员按照同样的设计规范对保障房项目的预案进行有序、准确设计,减少各自为政带来的数据信息错误。其次,简化预制部件的设计流程,遵守规格数据少、组合方案多的要求,根据部件的信息提前拆分降低设计工作的重复率,缩减部件的种类。再次,建立种类划分明确的预制部件数据库并在设计时选择符合实际情况的构件模型。同时,选取部件模型后利用 BIM 技术制作成可视的三维立体模型,将建筑的效果图、部件信息和组装过程显示给设计人员,为发现和改正设计问题提供技术支持[36]。

3.4 装配式建筑相关族的构建及应用

3.4.1 族的基本概念

Revit 模型包括了建筑的楼板、墙体、屋面、楼梯、坡道、门、窗、家具等构配件的三维信息模型,而装配式建筑中,同样以预制梁、板、柱、墙体等为设计对象,这为 BIM 技术在装配式建筑设计及标准化构配件库管理提供了基础。

Revit 族是一个包含通用属性(称作参数)集和相关图形表示的图元组。Revit 中有3 种类型的族:系统族、可载入族和内建族。

1) 系统族

系统族是包含用于创建基本建筑图元(例如:模型中的墙、楼板、天花板和楼梯)的族类型[37]。系统族具有以下特点:

(1) 系统族还包含项目和系统设置,而这些设置会影响项目环境,并且包含诸如标高、轴网、图纸和视口等图元的类型。

(2) 系统族不能从项目文件外载入,只能在项目样板中预定义、保存,不能创建、复制、修改或删除系统族,但可以复制和修改系统族中的类型,以便创建自定义系统族类型。系统族中可以只保留一个系统族类型,除此之外的其他系统族类型都可以删除,这是因为每个族至少需要一个类型才能创建新系统族类型。

(3) 尽管不能将系统族载入样板和项目中,但可以在项目和样板之间复制和粘贴或者传递系统族类型。可以复制和粘贴各个类型,也可以使用工具传递所指定系统族中的所有类型。

(4) 系统族还可以作为其他种类的族的主体,这些族通常是可以载入的族。例如:墙系统族可以作为标准构建门/窗部件的主体。

系统族对于 BIM 结构平法设计的意义:结构设计的主要构件结构墙、结构板均为系统族,通过对其参数的添加和设置,可以作为 BIM 平法标注的信息基础。

2) 可载入族

可载入族与系统族不同,可载入族是在外部.rfa 文件中创建的,并可导入(载入)到项目中[38]。它们具有高度可自定义的特征,因此可载入族是 Revit 中最经常创建和修改的族。

可载入族是用于创建下列构件的族:

(1) 建筑内和建筑周围的建筑构件,例如窗、门、橱柜、装置、家具和植物。

(2) 建筑内和建筑周围的系统构件,例如锅炉、热水器、空气处理设备和卫浴装置。

(3) 常规自定义的一些注释图元,例如符号和标题栏。

可载入族对于 BIM 结构平法设计的意义在于,通过 BIM 建模的柱、梁、详图项目、注释族都通过可载入族进行创建加载,以满足结构设计类型的多样性,以及平法标注的要求。

3) 内建族

内建族是在项目中根据需要在原有族的基础上创建的自定义图元。创建的内建族不能重复使用,创建一个或多个必须与其他项目几何体保持一致的几何形状,需要创建内建族。可以在项目中创建多个内建族,并且可以在项目中放置同一个内建族的多个副本。内建族与系统族和可载入族特点不同,创建好的内建族不能通过复制来自定义其他类型。内建族可以在项目之间传递或复制,由于内建图元会增大文件大小并使软件性能降低,只有在必要时才进行传递和复制。只有在创建非标准图元或自定义图元时使用内建族创建,项目中使用最多的还是系统族和可装载的族。在 BIM 结构平法施工图设计中很少用到内建族[39]。

Revit 族是功能性类型的总称,例如柱族、门族,而 Revit 族类别是在 Revit 族下,由不同参数区分开来,如圆形混凝土柱和矩形混凝土柱都是柱族下的不同类别。Revit 族类型由族文件的类型参数的值所确定。通过设置族的类型参数可以控制该类型的构件的尺寸、形状、材质等,而在具体 Revit 模型中使用的某构件实例的尺寸、形状、材质等还可以通过族的实例参数来控制。例如,矩形混凝土柱族类别包含横截面为"300 mm×500 mm""500 mm×500 mm""400 mm×600 mm"等不同的族类型,而"柱高"参数被设置为实例参数,控制某根柱实例的高度。

3.4.2　预制构配件族

"族"是 Revit 中使用的一个功能强大的概念,有助于轻松地修改和管理数据。使用族编辑器,整个族创建过程在预定义的样板中执行,每个族图元能够在其内定义多种类型,可以根据用户的需要在族中加入各种参数,如距离、材质、可见性等。

Revit 族与预制构配件形成对应关系,在 Revit 的族样板文件(.rft 文件)可以建立模数化、标准化的预制构配件,如梁、柱等,保存为.rfa 文件。族文件(.rfa 文件)可以载入 Revit 项目文件中(.rvt 文件),提高建筑 BIM 模型的设计效率,同时还可以作为构件详图设计为构件的工厂化生产提供详图图纸。

下面以预制矩形混凝土柱为例,说明 Revit 族的制作过程:(1)选择族样板,公制结构柱.rft,对结构柱族进行设置,例如,选择族插入点(原点),勾选族类型属性的"可将钢筋附着到主体";(2)选择族类别为结构柱,对矩形混凝土结构柱进行命名;(3)根据族的制作规范,为添加参照平面,进行尺寸标注,带标签的尺寸标注成为族的可修改参数;(4)将构件的制造商、成本等信息添加进去，以及设置族的显示模式等。

至此，结构柱族设计完成，保存为.rfa 文件，载入到 Revit 项目中。然而，该结构柱族

图 3-2　预制钢筋混凝土柱族[40]

并未包含钢筋。由于钢筋族无法嵌套加载到柱族中，因此，如果要实现预制柱的三维参数化设计，需要用到"组"的相关命令，具体步骤如下：(1)在 Revit 项目中载入柱族，创建相应的柱实例；(2)选中柱，选中"钢筋"命令，将钢筋附着到柱上；(3)选中柱和柱中的所有钢筋，选择"创建组"命令，为该组输入组名；(4)选中该组，选择"复制到剪贴板"命令，接着打开要用到该柱的 Revit 项目文件，选择"粘贴"命令，如图 3-2 所示。

现阶段，Revit 没有组文件，也无法用载入命令载入组文件，组被存放在各个 Revit 项目文件中，使用时通过"复制"和"粘贴"命令完成，这给组的管理造成了不便。可以创建 Excel 表格，录入族文件和组的分类信息，包括组所在的 Revit 文件信息等，方便查询使用。

预制墙、楼板、楼梯等构件所对应的 Revit 族属于系统族，不能直接通过利用族样板文件创建相应的族文件，只能在 Revit 项目文件中创建墙、楼板或楼梯等族的实例，并加入钢筋，选中实例和钢筋，创建组，采用"复制"和"粘贴"命令使用组。具体步骤可参见上文的预制柱的创建和使用过程。图 3-3 是预制叠合楼板、预制阳台板、预制楼梯及其 Revit 模型组的示意图。

(a) 预制叠合楼板及其Revit模型组

(b) 预制阳台板及其Revit模型组

(c) 预制楼梯及其Revit模型组

图 3-3　预制构件及其 Revit 模型组[41]

3.4.3　建筑户型族

研究和开发标准化的预制构配件模型是为了发挥装配式建筑的设计特点，进一步利用各种预制构配件按照设计要求组合成标准化的建筑户型，形成装配式建筑户型族。从建筑户型族集合中抽取标准的建筑户型，进行排列组合得到不同的建筑，从而提高设计效率以及 BIM 模型的构建速度。

某预制装配式住宅项目设计两种型号的户型，如图 3-4 所示。其中，A 户型三室两厅，适用于三代同堂的五口家庭；B 户型两室两厅，主要适用于一家三口或四口的情况。A、B 户型组合形成建筑平面图，如图 3-5 所示。

A户型三室两厅　　　　　　　　　　B户型两室两厅

图 3-4　某预制装配式住宅 A、B 户型图[42]

在 Revit 项目文件中分别构建 A、B 户型模型，选中模型包括的构配件，生成模型组，利用"复制"和"粘贴"功能，产生"ABBA"形式的某层模型，如图 3-6 所示。不同楼层的户型组合可能有差别。随着建设项目的累计，逐渐建立日趋成熟的标准化、模数化的建筑户型模型组集合。设计者在创建 BIM 模型时，可以从户型模型组集合中挑选标准户型，对户型进行拼装。

需要注意的是，随着户型模型组集合越来越大，如何描述户型，如何根据设计者的要求快速而准确地检索户型将成为户型集合的很重要的管理问题。如果设计者在很大的户型集合中顺序查看户型模型，将造成设计效率的降低。

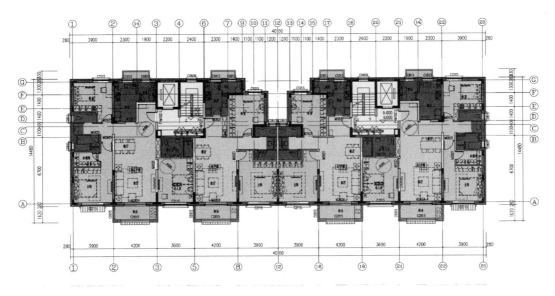

图 3-5　A、B 户型组合平面布置图[42]

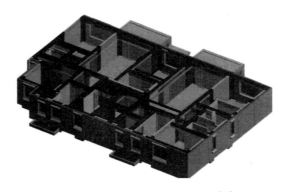

图 3-6　A、B 户型三维模型图[42]

3.5　基于 BIM 的装配化装修设计应用

3.5.1　装配化装修

装配化装修,也称工业化装修,是由产业工人将工厂预制生产的部品、部件,包括架空地面、集成吊顶、装配式隔墙、集成厨房、集成卫生间、模块家具、集成机电设备及所需要的组件等,运到现场按照标准化程序进行组合安装的装修方式。住房和城乡建设部于2017 年 12 月 12 日发布并于 2018 年 2 月 1 日起实施的《装配式建筑评价标准》,鼓励装配化装修方式,明确指出现阶段装配式建筑发展的重点推进方向之一是推进装饰装修与主体结构的一体化发展,积极推广标准化、集成化、模块化的装修模式,提高装配化装修水平

(表 3.1)。

表 3-1 装配化装修与传统装修对比

	装配化装修	传统装修
设计维度	户型模数化,部品规格规范	户型不统一,尺寸多变
施工界面	主体结构施工完毕移交	二次结构施工完毕移交
地面施工	地面模块体系一次铺装完成	施工工艺复杂、大量湿作业
墙面施工	集成墙体龙骨调平、免找平、铺贴	工序多,易空鼓脱落,受气候影响大
吊顶施工	厨卫吊顶特殊龙骨与墙板机械搭接,免打孔、免吊筋	厨卫吊顶 吊筋、打孔、拼板
管线施工	管线分离、专用连接件,易维修	管线开槽工效低,影响结构,难维修
排水施工	同层排水,水管胶圈承插	水管排水噪声大,会干扰到上下层
卫生间	卫生间集成化、整体防水底盘	卫生间施工复杂,易渗漏
后期维修	部品全装配化、备用件标准化	后期维修麻烦(刨墙、刨地面)

3.5.2 BIM 技术在装配化装修中的应用价值

装配化装修强调在技术层面对于设计精细度、专业协同度的拔高与深化。首先是设计模数化,模数是一切工业制品的基础,是最底层的公约数与度量衡;在此基础上是部品模块化,符合模数的小部品组成系列化大类别部品,并与建筑空间尺寸进行耦合,通过规模化制造,达到更高完成度的实现;在模数化与模块化的基础上是空间标准化,对底层模数与部品模块进行尺寸适应,保证空间的通用性、灵活性与多样性;最后是作业方式层面上的施工装配化,实际上是前三层次累积实现后水到渠成的结果。BIM 所具有的协同设计、可视化、分析模拟、非物理信息集成能力对装配式全装修的设计、生产、安装及维护过程都有着明显的效率与质量增益,将 BIM 技术应用于装配式装修是时代发展的需求。

1)建筑设计与装修设计协同工作

传统的装修设计是在建筑设计及施工完成之后才进行的,在这个过程中装修设计普遍独立于建筑设计,缺乏各个专业单位的协同配合,易发生碰撞和漏洞等问题。BIM 是建筑全生命周期的信息的集合,将结构、水电等各专业的信息模型整合为一个整体。应用 BIM 技术可以使装修设计在建筑施工之前进行协同建模,进行一体化设计。将装修设计与建筑结构、机电设计等专业部门紧密联系,及时根据建筑方案进行更新检测,识别发生碰撞的问题所在,然后做出调整及相应的补救措施解决问题[43]。

(1)土建内装一体化设计:强调土建、内装的零冲突以及管线分离,最理想的方式是土建与内装设计同步完成,从源头实现一体化集成设计。因此,在该阶段的首要事项是充分落实建筑、结构、机电、室内等多专业的协同设计。目前 BIM 提供了以模型为统一载体的协同基础,BIM 软件的三维可视化、碰撞检查等实用性功能在一定程度上可减少、消解设计冲突,并支持室内日照、耗能模拟等提高设计质量的性能化分析,但具体到协同环节的落实上,仍存在不同软件的互用、流程系统性和并行性的协调关系等诸多细节问题,还需投入资源逐一磨合解决。

(2)内装部品设计:内装部品主要包括地面、轻质内隔墙、集成吊顶、内门窗、整体厨卫、设备与管线等成套系统的设计(此外还有储藏收纳、智能化系统等)。应该注意的是,上述每个系统在设计中都需要考虑型号规格、产品兼容性等诸多标准性问题,在专业职能上更偏向工业设计,其所用的工具软件遵循 IFC 标准,支持导出至 BIM 软件进行应用。因此对于设计方而言,值得注意的是建立内装部品数据库(包含产品、供方信息等)和产品选型、组合优化能力。

2)BIM 可视化模型库

三维可视化是 BIM 技术的特点之一,通过 BIM 技术可以将装修设计用三维模型展示,呈现三维的渲染效果,甚至可以对室内进行三维动态模拟[44]。BIM 在精装修中的可视化设计分为可视化审图、可视化深化设计和可视化漫游三部分。可视化审图的可实施性建立在分专业模型创建的基础上,在分专业模型检查后再进行专业碰撞,汇总成果后与业主、设计、监理共同以审图会形式对 BIM 模型进行会审,最后形成 BIM 图纸会审报告。可视化深化设计是通过可视化模型,依据现行规范以及专业技术、材料特点、业主要求和设计要求进行方案和模型的进一步深化。可视化漫游的实现需基于装配式构件的预先排布,通过软件导出漫游动画、全景漫游、移动漫游来进行室内效果的展示,有助于技术交底和现场作业[45]。BIM 技术可视化程度高,直观且易于修改,极大地减小了与实际装修效果的差异,让业主有更直观真实的感受。

3)BIM 标准模数设计

为了实现工业化大规模生产,使装修构配件具有一定的通用性和互换性,与建筑结构相协调,并且使施工过程更加方便,节约资源,在设计中要特别注意模数的重要性,这样就使装饰设计具有系列化、统一化、简单化等优点。对于装配式精装修住宅而言,在建筑结构设计时常采用 3M(M 为基本模数),因此在装饰材料设计时也采用 3M 模数,这样做的好处在于墙顶地材料模块拼装分缝做到对齐统一,避免板块尺寸不统一而出现拼缝凌乱等情况。进行模块化设计时,考虑尺寸和定位的精准性,使部品有利于工业化批量生产。

3.6　本章小结

本章聚焦于装配式建筑设计阶段,主要指出了 BIM 技术在装配式建筑设计中应用的必要性,介绍 BIM 建筑设计工具、关键技术及相关族的构建及应用,最后描述了 BIM 技术在装配化装修设计中的应用,表明 BIM 技术能够很好地服务于装配式建筑设计阶段,进一步推动建筑工业化发展进程。

4 BIM 技术在装配式结构设计中的应用

装配式结构设计工作具有流程精细化、设计模数化、配合一体化、成本精准化等特点，将 BIM 技术应用到装配式结构的设计中，更有利于工程项目全生命周期信息的传递与集成。本章将重点介绍 BIM 技术在装配式结构设计中的设计工具、关键技术，以及预制构件库的构建及应用。

4.1 BIM 技术对装配式建筑结构设计应用的必要性

传统的装配式结构设计方法是等同于现浇结构的设计，先整体分析，然后拆分构件，进行节点设计和构件的深化设计。设计的预制构件能够满足设计师的构思和多样化的需求，但预制构件的种类繁多，没有充分考虑预制构件厂的生产，不利于工业化的流水线生产。而且，结构设计和预制构件生产时信息传递不畅，容易造成信息孤岛。

基于 BIM 的装配式结构设计方法将 BIM 技术应用到装配式结构的设计与建造过程中，改变以设计主导预制构件生产的导向，试图建立标准化、通用化的预制构件库，并以此进行装配式结构设计。预制构件经过标准化、通用化的设计形成科学合理的产品库，再以此为基础进行结构设计。此设计方法面向预制构件，使得装配式结构的设计以预制构件库为核心，而预制构件厂依据预制构件库进行自动化生产，设计和生产均以预制构件库为依据，这样使得构件的设计与生产相协调，避免出现冲突，装配式结构的设计与建造效率能够得到显著提高。基于 BIM 的装配式结构设计以 BIM 模型作为交付成果，有利于工程建设各阶段信息的传递，并将各阶段产生的信息集成，实现工程项目的全生命周期管理[46]。

4.2 BIM 结构设计工具

设计阶段中结构设计和建筑设计紧密相关，结构专业除需要建立结构模型与其他专业进行碰撞分析之外更侧重于计算和结构抗震性能分析。根据结构设计中的使用功能不同主要分为三大类：

1）结构建模软件

以结构建模为主的核心建模软件，主要用来在建筑模型的轮廓下灵活布置结构受力构件，初步形成建筑主体结构模型。对于民用住宅和商用建筑常用 Revit Structure 软件，大型工业建筑常用 Bentley Structure 软件。

2）结构分析软件

基于 BIM 平台中信息共享的特点，BIM 平台中结构分析软件必须能够承接 BIM 核心建模软件中的结构信息模型。根据结构分析软件计算结果调整后的结构模型也可以顺利反馈到核心建模软件中进行更新。目前与 BIM 核心建模软件能够实现结构几何模型、荷载模型和边界约束条件双向互导的软件很少。能够实现信息几何模型、荷载模型和边界约束条件最大程度互导的软件也是基于同系列软件之间，如 Autodesk Revit Structure 软件和 Autodesk 公司专门用于结构有限元分析的软件 Autodesk Robot Structural Analysis 之间在几何模型、荷载模型和边界约束条件之间的数据交换基本没有较多的错误产生。在国内，Robot 参与分析了上海卢浦大桥、卢洋大桥、深圳盐田码头工程、上海地铁、广州地铁等数十个国家大型建设项目的结构分析与设计。上海海洋水族馆、交通银行大厦、深圳城市广场、南宁国际会议展览中心等优质幕墙结构分析中也有 Robot Structure 的突出表现[47]。但由于 Robot 缺乏相应的中国结构设计规范，因此在普通民用建筑结构分析领域中较难推广。

其他常见软件也可以在不同深度上实现结构数据信息的交换，如 ETABS、Sap2000、Midas 以及国内的通用结构分析软件 PKPM 等。

其中，为了适应装配式的设计要求，PKPM 编制了基于 BIM 技术的装配式建筑设计软件 PKPM-PC，提供了预制混凝土构件的脱模、运输、吊装过程中的计算工具，实现整体结构分析及相关内力调整、连接设计，在 BIM 平台下实现预制构件库的建立、三维拆分与预拼装、碰撞检查、构件详图、材料统计、BIM 数据直接接到生产加工设备。PKPM-PC 为广大设计单位设计装配式住宅提供设计工具，提高设计效率，减小设计错误，推动了住宅产业化的进程[48]。

3）结构施工图深化设计软件

结构施工图深化设计软件主要是对钢结构节点和复杂空间结构部位专门制作的施工详图。20 世纪 90 年代开始 Tekla 公司产品 Tekla Structures（Xsteel）软件开始迅速应用于钢结构深化设计。该软件可以针对钢结构施工和吊装过程中的详细设计部位自动生成施工详图、材料统计表等。Xsteel 软件还支持混凝土预制品的详细设计，其开放的接口可以实现与结构有限元分析软件进行信息互通。表 4-1 对比了 AutoCAD 和 Tekla Structure 使用功能和在详图设计中的区别。

表 4-1 AutoCAD 与 Tekla Structures 软件使用功能对比

详图软件	显示模型	施工图	参数化	材料库	碰撞分析
AutoCAD	二维平面	点、线绘制	不支持	无	不可行
Xsteel	三维平面	自动生成	支持	有	可行

4.3　基于 BIM 的装配式建筑结构设计关键技术

装配式建筑的建设过程中，建设方、设计方、生产方和施工方需要紧密配合，协调工作，才能保证建设过程顺利进行。与现浇结构相比，装配式结构的设计工作呈现出了流程精细化、设计模数化、配合一体化、成本精准化等特点[49]。

4.3.1　传统装配式建筑结构设计方法

1）装配式建筑结构设计标准

由于装配式结构的发展比较成熟，相应的技术标准较为完善。国内装配式结构的技术标准发展缓慢，2014 年 4 月，《装配式混凝土结构技术规程》(JGJ 1—2014)被批准为行业标准，并自 10 月 1 日起正式实施。《装配式混凝土结构技术规程》(JGJ 1—2014)的关键技术工作包括预制构件受力钢筋连接搭设设计、预制构件与现浇混凝土结合面的设计、装配式框架结构设计、装配式剪力墙结构设计等内容[50]，自此，装配式混凝土结构的设计有了依据。

2）装配式建筑结构设计流程

装配式建筑的结构设计主要分为五个阶段：技术策划、方案设计、初步设计、施工图设计和构件加工图设计，设计流程如图 4-1 所示。设计完成后即可进行构件的生产，进入施工阶段。

在技术策划阶段，设计单位可以充分了解项目的建设规模、定位、目标、成本限额等，制定合理的技术策略，与建设单位共同确定相应的技术方案。在方案设计阶段，根据技术策略进行平立面设计，在满足使用功能的前提下实现设计的标准化，实现"少规格、多组合"的目标，并兼顾多样化和个性化。在初步设计阶段，与各专业进行协同设计，优化预制构件的种类，充分考虑各专业的要求，进行成本影响因素分析，制定经济合理的技术措施。在施工图设计阶段，按照制定的技术措施进行设计，在施工图中充分考虑各专业的预留预埋要求。在构件加工图设计阶段，构件加工图图纸一般由设计单位与构件厂协同完成，建筑专业根据需要提供预制尺寸控制图。

装配式结构设计主要包括结构整体计算分析、结构构件的设计、预制构件的拆分与归并设计、预制构件的连接节点设计、预制构件的深化设计等内容。装配式结构设计方法如图 4-2 所示。

（1）结构整体计算分析

装配式结构采用等同现浇结构的设计方法，故其整体计算分析和现浇结构一样，进行竖向和水平荷载受力分析，并进行中震屈服验算和大震弹塑性验算。但是考虑到装配式结构与现浇结构的区别，在某些计算参数上会有一些改变，如装配整体式框架梁端负弯矩可取 0.7～0.8 的调幅系数，叠合梁的刚度增大系数相对现浇结构而言可适当减小[51]。

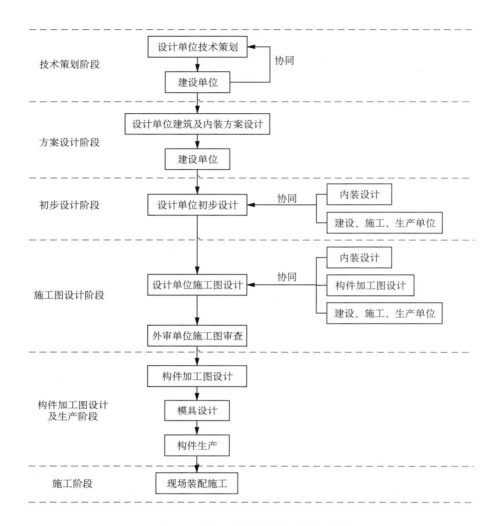

图 4-1　装配式建筑结构设计流程[46]

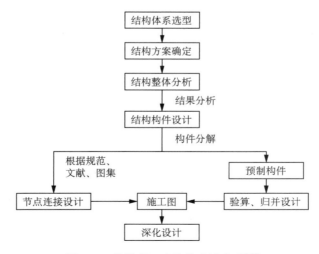

图 4-2　传统装配式结构设计方法[46]

（2）结构构件的设计

当结构整体计算分析得出内力后，需设计预制梁、柱、板、墙等预制构件，可按现行的《混凝土结构设计规范》(GB 50010—2010)、《建筑抗震设计规范》(GB 50011—2010)、《装配式混凝土结构技术规程》(JGJ 1—2014)、《预制预应力混凝土装配整体式框架结构技术规程》(JGJ 224—2010)等进行设计。对于高层建筑，还应满足《高层建筑混凝土结构技术规程》(JGJ 3—2010)的规定。预制构件的设计除了要考虑结构使用阶段的计算，还应包括预制构件预制阶段和吊装阶段的设计，预制阶段需考虑混凝土拆模时的强度，吊装阶段为保证安全，一般采用多点起吊法。

（3）预制构件的拆分与归并设计

整体计算分析和构件设计后需对预制构件进行拆分和归并设计。构件拆分前，设计方需与施工方沟通，拆分应考虑施工条件和施工单位施工能力的影响，如运输吊装设备的大小规格是否满足施工要求。拆分时构件界面应保持一致，构件的种类应尽量少，从而减少模板的种类。拆分的构件应不影响建筑设计的使用功能，并且满足构件的运输、堆放和安装等要求。

（4）预制构件的连接节点设计

装配式结构等同现浇结构的设计是通过节点的可靠连接来保证的，不同结构形式的装配式结构有不同的节点连接，如梁柱连接有牛腿连接、螺栓连接等。梁柱节点设计时首要考虑的是节点的抗剪设计，对叠合楼板设计时楼板表面应设置人工粗糙面。

（5）预制构件的深化设计

预制构件的深化设计是装配式结构设计中一个重要的环节，须满足建筑、结构、机电设备等专业以及构件运输、安装等的要求。建筑专业应注意砌体墙体的深化设计，满足砌体抗震构造要求，门窗安装的深化设计应保证尺寸精准，并解决与外墙的连接防渗漏问题。设备专业应注意燃气和给排水管道的预留等。

深化设计主要分为钢筋组装图、模具图和吊装图设计三部分。钢筋组装图的设计应对预制构件的配筋进行详尽的描述以用于工厂制作。深化设计人员需根据构件的尺寸及配筋等设计构件的模具图，并需对模具的强度、刚度、稳定性进行计算，以保证构件制作时模具不发生肿胀、破坏等现象。吊装图设计应考虑吊具的种类和承载力，设置满足吊装要求的吊环，并考虑构件的运输和堆放等要求。

4.3.2 基于 BIM 的装配式结构设计方法

1）基于 BIM 的装配式结构设计方法的思想

现今的装配式结构设计方法是以现浇结构的设计为参照，先结构选型，结构整体分析，然后拆分构件和设计节点，预制构件深化设计后，由工厂预制再运送到施工现场进行装配。这种设计方法会导致预制构件的种类繁多，不利于预制构件的工业化生产，与建筑工业化的理念相冲突。所以，传统的设计思路必须转变，新的设计方法应关注预制构件的通用性，以期利用较少种类的构件设计满足多样性需求的建筑产品。因此，基于 BIM 的装配式结构设计方法应将标准通用的构件统一在一起,形成预制构件库。在装配式结构设计时,预制构件库中已有预制构件可供选择,减少设计过程中的构件设计,从设计人工成本和设计时间成本方面减少造价,而不用详尽考虑每个构件的最优造价,以此达到从总体上降低造价的目的。预制构件库是预制构件生产单位和设计单位所共有的,设计时预制构件的选择可以限定在预制构件厂所提供的范围内,保证了二者的协调性;预制构件厂可以预先生产通用性较强的预制构件,及时提供工程项目需要的预制构件,工程建设的效率得到大大提高。预制构件库是不断完善的,并且应包含一些特殊的预制构件以满足特殊的建筑布局要求。

2) 基于 BIM 的装配式结构设计流程

由前文讨论可知传统装配式结构设计的预制构件尺寸型号过多,不利于标准化和工业化的设计,也不利于工业化和自动化生产。因此,必须改变从整体设计分析再到预制构件拆分的设计思路,而改为面向预制构件的基于 BIM 的装配式结构设计方法进行设计。此设计方法共分为四个阶段:预制构件库形成与完善、BIM 模型构建、BIM 模型分析与优化和 BIM 模型建造应用(图 4-3)。

(1) 预制构件库形成与完善阶段

预制构件库是基于 BIM 的装配式结构设计的核心,设计时 BIM 模型的构建及预制构件的生产均以其为基础。预制构件库的关键是实现预制构件的标准化与通用化:标准化便于预制构件厂的流水线施工,通用化则可满足各类建筑的功能需求。预制构件库除了包含标准化、通用化的预制构件,还应包含满足特殊要求的预制构件,在预制构件库发展成熟后可在构件库中考虑预制构件的标准节点等。

挑选预制构件前应由构件厂商进行结构分类、选型,根据不同的装配式结构设置不同的预制构件,并通过分析现有现浇结构和装配式结构的设计方法与设计实例进行构件的统计分析,按照不同的适用情况(如荷载大小、跨度、层高等)对构件进行分类,选出适用性强的构件,并对构件进行归并、制作并入库。入库的预制构件应具有通用性,才能实现构件库的功能,如对于不同的结构和楼层,板的设计内力一般只与板的跨度和所受的均布荷载有关,因此,可根据这两者对板进行分类,建立预制构件集合,在装配式结构设计时只需根据跨度和荷载选择预制板即可。预制构件入库实际是将装配式结构的构件设计提前完成,随后通过分析复核保证整体结构的安全。

预制构件库形成后还应不断完善,设计时无法从库中查询到满足设计要求的预制构件时应定义并设计新构件,用于 BIM 模型的构建,并将设计的构件入库,以完善预制构件库。注意,图 4-3 中的虚箭线表示构件仅入库,而不再经过"构件查询""有无构件符合要求"这些步骤。

(2) BIM 模型构建阶段

预制构件库创建完成后,可根据设计的需求在预制构件库中查询并调用构件,构建装配式结构的 BIM 模型。当查询不到需要的预制构件时可定义并设计新的构件,调用构件并将新构件入库。BIM 模型的构建只是完成了装配式结构的预设计,要保证其结构安

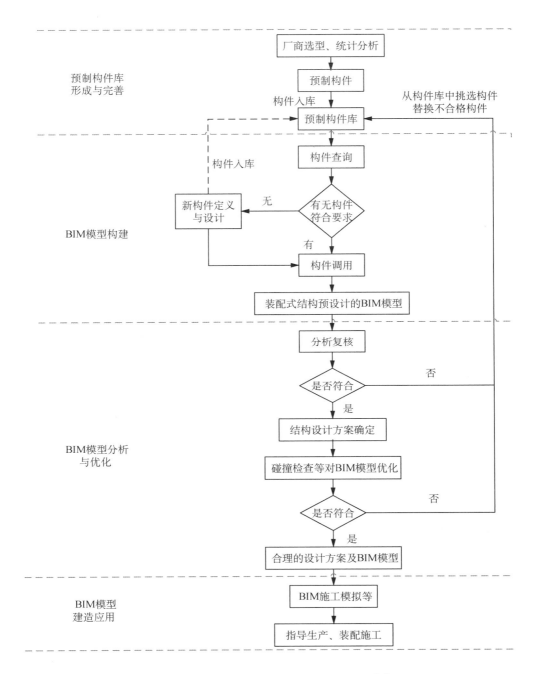

图 4-3 基于 BIM 的装配式结构设计方法[46]

全,还需进行 BIM 模型的分析复核,并利用碰撞检查等方式对 BIM 模型进行调整和优化。经过分析复核和碰撞检查等确认无问题后的 BIM 模型才可用于指导生产和施工,将 BIM 模型作为交付结果,可以有效避免信息遗漏和冗杂等问题。

（3）BIM 模型分析与优化阶段

预设计的装配式结构 BIM 模型需通过分析复核来保证结构的安全,分析复核满足要求的 BIM 模型即确定结构的设计方案,并通过碰撞检查等方式对 BIM 模型进行调整和优化,最终形成合理的设计方案。分析复核不能通过时,应从预制构件库中重新挑选构件替换不满足要求的预制构件,重新进行分析复核,直至满足要求。分析复核时结构分析可以按照现浇结构的分析方法进行,也可以根据节点的连接实际情况处理。后一种方法还需要工程实践和实验研究作为辅证。将分析结果与规范做对比,以判断分析复核是否通过。

满足分析复核要求的 BIM 模型只是满足结构设计的要求,对于深化设计和协同设计等要求,需通过碰撞检查等方式实现,对不满足要求的预制构件应替换,重新进行分析复核和碰撞检查,直至满足要求。预制构件在现场施工装配前就解决了碰撞问题,对于预制构件的返工问题会大大减少。

(4) BIM 模型建造应用阶段

上述阶段得到的 BIM 模型即可交付使用。建造阶段可应用 BIM 模型模拟施工进度并以此合理规划预制构件的生产和运输以及施工现场的装配施工。预制构件厂依据构件库进行生产。施工阶段可采集施工过程中的进度、质量、安全信息,并上传到 BIM 模型,实现工程的全生命周期管理。

4.3.3　传统的设计方法与基于 BIM 的设计方法对比

1) 两种方法的联系

装配式结构的设计方法现今还是以现浇结构的设计方法为依据,设计时先按现浇结构分析,再拆分构件,通过考虑节点的连接来保证和现浇结构相同的力学性能。基于 BIM 的装配式结构设计以预制构件库为核心,实现由构件到结构整体的面向对象(预制构件)的设计过程。而构件库的形成是以传统装配式结构设计为依据的。构件库的形成首要解决的是预制构件的挑选和入库,预制构件是厂商针对现有的现浇结构和已存在的装配式结构,统计这些结构的构件,并从外形尺寸、所受的荷载、适用的结构等方面进行统计分析,按照一定的选择和分类方法确定预制构件的挑选。

2) 两种方法的不同

传统设计方法和基于 BIM 的设计方法有诸多不同:

(1) 传统装配式结构设计以二维施工图纸作为交付目标,方案设计、初步设计、施工图设计等阶段均以二维施工图纸为信息的传递媒介,处理图纸需要消耗设计人员大部分的精力,结构分析建立在读图识图的基础上,此过程容易出现信息不明等问题,造成设计失误。专业的不协调也会导致后期的设计返工增多,耗费较多的资源。而基于 BIM 的装配式结构设计方法以 BIM 模型作为最终交付成果,其核心是建立预制构件库,通过预制构件库实现结构的设计。BIM 模型有利于专业间的沟通和交流,通过 BIM 模型传递信息,可以有效避免"信息孤岛"。而且 BIM 模型可以方便设计人员查看模型及信息,设计人员无须通过图纸想象结构模型,利用 BIM 模型可以模拟施工情况,提前发现施工中可能出现的问题并将其解决。

（2）传统的装配式结构先整体后拆分的设计思路必然导致设计的预制构件的种类不可控，使设计的预制构件与现有的预制厂商所能生产的预制构件不一致、发生冲突。基于 BIM 的装配式结构设计以预制构件库为核心进行设计，绝大部分构件都是已经设计好的预制构件，预制构件厂商都有相应的存储，可以直接选用，不需要单独再进行设计，提高了装配式结构的设计建造效率。

（3）基于 BIM 的装配式结构预设计后，需进行分析复核，此过程从表面看与传统装配式结构设计过程的整体结构分析相同，但实则有本质区别。首先，分析复核是结构的配筋设计、节点设计完成后对其进行验算，是一种复核手段，与结构设计是相反的过程。此外，复核的结构分析可以考虑配筋以及节点的连接情况，而传统装配式结构整体分析是设计前的分析，依据分析结果进行构件设计。其次，在基于 BIM 的设计方法成熟后，分析复核必然是少量的构件不满足要求，需进行替换，而传统装配式结构设计是经过整体结构分析后需要确定所有构件的截面和配筋设计等。

分析复核不满足要求时可能需要替换预制构件，进行再分析，这是一个循环的过程。在预制构件库不完善和计算水平达不到要求时，这可能是一个工作量大的过程，但是当计算算法能够实现并开发专用的分析复核的程序时，分析复核的过程将变得非常容易，与现浇结构设计软件进行设计具有同样的方便性。

4.4　装配式结构预制构件库的构建及应用

4.4.1　入库的预制构件分类与选择

1）预制构件的分类方法

预制构件分类是预制构件入库和检索的基础，为使预制构件库使用方便，需依据分类建立构件库的存储结构，形成有规律的预制构件体系。

（1）按结构体系进行构件分类

装配式混凝土结构体系分为通用结构体系和专用结构体系。通用体系包含框架结构体系、剪力墙结构体系和框架-剪力墙结构体系。专用体系是在通用体系的基础上结合建筑功能发展起来的，如英国的 L 板体系、德国的预制空心模板体系、法国的世构体系等。目前，各地都开发了很多装配式混凝土结构体系，江苏省研发了众多装配式混凝土结构体系并已经在一定程度上得到推广[52]。

① 预制预应力混凝土装配整体式框架体系（SCOPE）

预制预应力混凝土装配整体式框架体系（以下简称 SCOPE）是南京大地集团引自法国的世构体系，采用先张法预应力梁和叠合板、预制柱，通过节点放置的 U 形钢筋与梁端键槽内预应力钢绞线搭接连接，并后浇混凝土形成整体装配框架。该体系分为三种类型：采用预制混凝土柱、预制预应力混凝土叠合梁板，并在节点处后浇混凝土的全装配混凝土框架结构；采用现浇混凝土柱、预制预应力混凝土叠合梁板的半装配混凝土框架结构;仅采用预制预应力混凝土叠合板的适合各类型建筑的结构。SCOPE 主要应用在多层大面积建材城、厂房等框架结构,2012 年试点建造了南京的 15 层预制装配框架廉租房。

② 预制混凝土体系(PC)和预制混凝土模板体系(PCF)

该体系是由万科集团向中国香港和日本学习的预制装配式技术,PC 技术即预制混凝土技术,墙、板、柱等主要受力构件采用现浇混凝土,外墙板、梁、楼板、楼梯、阳台、部分内隔墙板都采用预制构件。PCF 技术是在 PC 技术的基础上将外墙板现浇,外墙板的外模板在工厂预制,并将外装饰、保温、窗框等统一预制在外模板上。

③ 新型预制混凝土体系(NPC)

中南集团引进澳大利亚的预制结构技术,并将其改造成 NPC 技术。此体系为装配式剪力墙体系,竖向采用预制构件,水平向的梁、板采用叠合形式,下部剪力墙预留钢筋插入上部剪力墙预留的金属波纹管孔内,通过浆锚钢筋搭接连接。在江苏南通海门试点建造了 7 层住宅 9 幢、10 层住宅 4 幢、17 层住宅 1 幢。

④ 叠合剪力墙结构体系

此体系是元大集团引进德国的双板墙结构体系,由叠合梁板、叠合现浇剪力墙和预制外墙模板组成,叠合板为钢筋桁架叠合板,叠合现浇剪力墙由两侧各为 50 mm 厚的预制混凝土板通过中间的钢筋桁架连接,并现浇混凝土而成。2012 年在江苏宿迁施工 11 层的试点住宅楼。

⑤ 宜兴赛特新型建筑材料公司研发的新型体系

宜兴赛特新型建筑材料公司自主研发了预制装配框架结构及短肢剪力墙体系。预制梁、柱采用梁端与柱芯部预埋型钢的临时螺栓连接,并在节点现浇混凝土;预制墙顶及墙底预埋型钢,通过螺栓临时连接,并现浇混凝土。2012 年宜兴市拆迁安置小区建造了一幢装配短肢剪力墙安置房。

(2) 按建筑结构内容进行构件分类

预制构件还可根据建筑、结构、设备的功能综合细分,其侧重点不同。如按建筑结构综合划分可分为地基基础、主体结构和二次结构。

① 地基基础:场地、基础等。

② 主体结构:梁、柱、板、剪力墙等。

③ 二次结构:围护墙、幕墙、门、窗、天花板等。

2) 预制构件的选择策略

入库的预制构件应保证一定的标准性和通用性,才能符合预制构件库的功能,预制构件的选择过程如图 4-4 所示。预制构件首先应按照现有的常用装配式结构体系进行分类,如上文中所述,对于不同的结构体系主要受力构件一般不能通用,如日本的 PC 预制梁为后张预应力压接,而世构体系的梁为先张法预应力梁,采用节点 U 形筋的后浇混凝土连接,可见不同体系的同种类型构件的区别很大,需要单独进行设计。但是,某些预制构件是可以通用的,如预制阳台。

图 4-4　预制构件的选择[46]

对于分类的预制构件,应统计其主要控制因素,忽略次要因素。对于预制板,受力特性与板的跨度、厚度、荷载等因素有关,可按照这三个主要因素进行分类统计。如预应力薄板,板跨按照 300 mm 的模数增加,板厚按照 10 mm 的模数增加,活荷载主要按照 $2.0\ kN/mm^2$、$2.5\ kN/mm^2$、$3.5\ kN/mm^2$ 三种情况进行统计,对预应力薄板进行统计分析,制作成预制构件并入库,方便直接调用。而对于活荷载超过这三种情况的需单独设计。对于梁、柱、剪力墙而言,其受力相对板较复杂,所以构件的划分应考虑将预制构件统计,并进行归并,减少因主要控制因素划分细致导致的构件种类过多,以此得到标准性、通用性强的预制构件。

在未考虑将预制构件分类并入库前,前述的分类统计在以往的设计过程中往往制作成图集来使用,在基于 BIM 的设计方法中不再采用图集,而是通过建立构件库来实现,并通过实现构件的查询和调用功能,方便预制构件的使用。入库的预制构件应符合模数的要求,以保证预制构件的种类在一定和可控的范围内。预制构件根据模数进行分类不宜过多,但也不宜过少,以免达不到装配式结构在设计时多样性和功能性的要求。

4.4.2　预制构件的编码与信息创建

1) 预制构件的编码

预制构件的分类和选择,只是完成了预制构件的挑选,但是构件入库的内容尚未完成。预制构件库以 BIM 理念为支撑,BIM 模型的重点在于信息的创建,预制构件的入库实际是信息的创建过程。构件库内的预制构件应相互区别,每个预制构件需要一个唯一的标识码进行区分。预制构件入库应解决的两个内容是预制构件的编码与信息创建。

(1) 预制构件的编码原则

预制构件的编码是在预制构件分类的基础上进行的,预制构件进行编码的目的是为了便于计算机和管理人员识别预制构件。预制构件的编码应遵循下列原则:

① 唯一性,一个编码只能代表唯一一个构件;

② 合理性,编码应遵循相应的构件分类;

③ 简明性,尽量用最少的字符区分各构件;

④ 完整性,编码必须完整,不能缺项;

⑤ 规范性,编码要采用相同的规范形式;

⑥ 实用性,应尽可能方便相应预制构件库工作人员的管理。

(2) 预制构件的编码方法

建筑信息分类编码采用 UNIFORMAT Ⅱ 体系[53],UNIFORMAT Ⅱ 是由美国材料协会制定发起的,由 UNIFORMAT 发展而来,采用层次分类法,现今发展到四级层次结构。第一级为七大类,包括基础、外封闭工程、内部结构、配套设施、设备及家具、特殊建筑物及建筑物拆除、建筑场地工程。第二级定义了 22 个类别,包括基础、地下室等,如表 4-2 所示。

表 4-2　UNIFORMAT Ⅱ 编码体系

一级类目	二级类目	三、四级类目
A 基础	A10 基础 A20 地下室	……
B 外封闭工程	B10 地上结构 B20 外部围护 B30 屋盖	B1010 楼板 B101001 结构性框架　B101002 结构性内墙 B101003 楼板垫层　　　B101004 阳台 B101005 坡道(斜坡)B101006 楼板线路系统 B101007 台阶 B1020 屋面 B2010 外部墙体 B2020 外墙窗 B2030 外墙门 B3010 屋面保温防水等 B3020 屋顶出入口保温防水等
C 内部结构	C10 内墙 C20 楼梯 C30 内部装修	……
D 配套设施	D10 运输系统 D20 给排水系统 D30 HVAC D40 消防系统 D50 电气系统	……
E 设备、家具	E10 设备 E20 家具	……
F 特殊建筑物、拆除	F10 特殊建筑物 F20 选择性拆除	……
G 建筑场地工程	G10 场地准备 G20 场地改良 G30 场地机械设施 G40 场地电气设施 G50 场地现场设施	……

　　UNIFORMAT Ⅱ 是一个完整的分类体系,装配式结构预制构件因为有其特殊性,可以借鉴 UNIFORMAT Ⅱ 分类体系,增加和删除相应的信息[54]。预制构件的编码如表4-3 所示。

表4-3　预制构件的编码

字母组	数字组	数字组	混合组
X1	X2	X3	X4

X1字母组表示构件的分类编号,如表4-4所示;X2数字组表示预制构件的主要外形尺寸标识,如适用的跨度、层高等;X3数字组表示构件截面的标识;X4是数字和字母的混合组,数字和字母可单一或组合使用,X4用以区分前三个标识相同的情况下各预制构件在配筋等方面的区别。图4-5表示了世构体系的预制构件的编码,其中构件适用的跨度、层高等单位均为"dm",截面宽度、高度、厚度等单位均为"cm"。由预制构件的编码规则可知,预制构件的选择是考虑跨度、荷载、配筋等主要影响因素,而忽略预留洞等次要因素,这是因为不同的工程每个构件都因各自的设计需求而有细微的差别,如果把所有的因素都加以考虑,将使得预制构件库无法创建,而且在创建预制构件库时考虑所有的因素也是不必要的。对于次要因素,在调用预制构件库中的构件构建具体工程的BIM模型时,可通过添加信息的形式来考虑。

表4-4　预制构件的分类编号

结构类型	构件类型	编号
地基基础	独立基础	DJ
	……	……
主体结构	预制梁	YL
	预制柱	YZ
	叠合板	YB
	剪力墙	YQ
	……	……
二次结构	外墙	WQ
	内墙	NQ
	门	MM
	窗	CC
	……	……

2) 预制构件信息深度分级方法及应用

基于BIM的预制构件的编码只是为了区分各构件,便于设计和生产时能够识别各构件,而真正用于设计和构件生产、施工的是预制构件的信息。因此,BIM预制构件的信息创建是一项重要的任务。在传统的二维设计模式中,建筑信息是分布在各专业的平、立、剖面图纸中,图纸的分立导致建筑信息的分立,容易造成信息不对称或者信息冗杂问题。而在BIM设计模式下,所有的信息都统一在构件的BIM模型中,信息完整且无冗杂。在

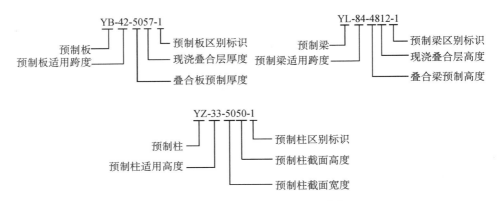

图 4-5　世构体系预制构件编码[46]

方案设计、初步设计、施工图设计等阶段,各构件的信息需求量和深度不同,如果所有阶段都应用带有所有信息的构件运行分析,会导致信息量过大,使分析难度太大而无法进行。因此,对预制构件的信息进行深度分级,是很有必要的,工程各设计阶段采用需要的信息深度即可。

(1) 预制构件几何与非几何信息深度等级表

技术在预制构件上的运用是依靠 BIM 模型来实施的,而 BIM 的核心是信息,所以在设计、施工、运维阶段最注重的是信息共享。构件的信息包含几何与非几何信息,几何信息包含几何尺寸、定位等信息,而非几何信息则包含材料性能、分类、材料做法等信息。根据不同的信息特质和使用功能等以实用性为原则制定统一标准,将预制构件信息分为5 级深度,并将信息深度等级对应的信息内容制作成预制构件信息深度等级表,如表4-5 所示。预制构件几何与非几何信息深度等级表描述了预制构件从最初的概念化阶段到最后的运维阶段各阶段应包含的详细信息。

表 4-5　预制构件信息深度等级表

类型	信息内容	构件信息深度等级				
		1.0	2.0	3.0	4.0	5.0
几何信息	主要预制构件如梁、柱、剪力墙等的几何尺寸信息、定位信息	√	√	√	√	√
	基类构件的几何尺寸信息、定位信息		√		√	√
	次要构件的几何尺寸信息、定位信息			√	√	√
	复杂装配节点的几何尺寸、定位信息				√	√
	预制构件的深化设计信息			√	√	√
非几何信息	基本信息如装配式结构体系、使用年限、设防烈度等	√	√	√	√	√
	物理力学性能如钢筋、砼强度等级、弹性模量、泊松比等材质信息	√	√	√	√	√

类型	信息内容	构件信息深度等级				
		1.0	2.0	3.0	4.0	5.0
非几何信息	预制构件的荷载信息		√	√	√	√
	预制构件的防火、耐火等信息			√		√	
	新技术新材料的做法说明		√	√	√	√
	预制构件的钢筋、预应力筋等的设置信息			√	√	√
	工程量统计信息				√	√
	预制构件的施工组织及运维信息				√	√

（2）预制构件信息深度分级法及应用

由前文讨论可知，预制构件同时具有几何与非几何信息，而几何与非几何信息都有各自的 5 级深度等级，因此必须通过一定的方法来规定预制构件的深度等级。可采用最大化理论来进行确定[55]：

预制构件信息深度等级＝max$\{I,X\}$

其中，I 为几何信息深度等级，取值范围为 1.0～5.0，且为正整数；X 为非几何信息深度等级，取值范围为 1.0～5.0，且为正整数；式 4.1 表明预制构件的信息深度等级取值几何信息与非几何信息深度等级的最大值。

预制构件的信息深度等级以 BIM 应用阶段即设计、施工和运维为基础，预制构件信息的 5 级深度等级对应了 BIM 应用的 5 个阶段。

① 深度 1 级，相当于方案设计阶段的深度要求。预制构件应包含建筑的基本形状、总体尺寸、周度、面积等基本信息，不需表现细节特征和内部信息。

② 深度 2 级，相当于初步设计阶段的深度要求。预制构件应包含建筑的主要计划特征、关键尺寸、规格等，不需表现细节特征和内部信息。

③ 深度 3 级，相当于施工图设计阶段的深度要求。预制构件应包含建筑的详细几何特征和精确尺寸，不需表现细节特征和内部信息，但具备指导施工的要求。

④ 深度 4 级，相当于施工阶段的深度要求。预制构件应包含所有的设计信息，特别是非几何信息。为应对工程变更，此深度级别的预制构件应具有变更的能力。

⑤ 深度 5 级，相当于运维阶段的深度要求。预制构件除了应表现所有的设计信息外，还应包括施工数据、技术要求、性能指标等信息。深度 5 级的预制构件包含了详尽的信息，可用于建筑全生命周期的各个阶段。

3）预制构件的信息创建方法

预制构件的信息创建应以三维模型为基础，添加几何信息和非几何信息。信息的创建包含构件类型确定及编码的设置、创建几何信息、添加非几何信息、构件信息复核等内容，如图 4-6 所示。

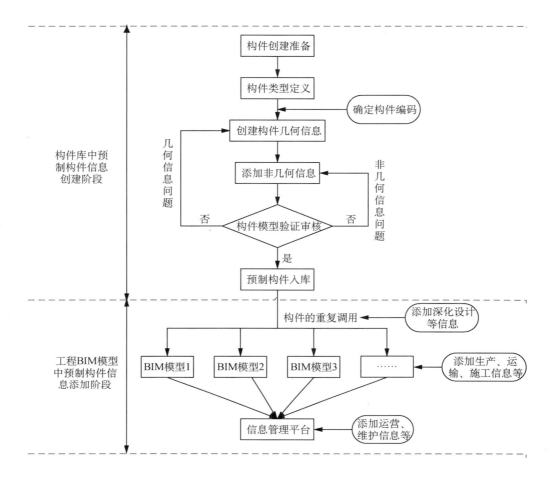

图 4-6　预制构件信息创建过程[46]

由图 4-6 可知,建筑全生命周期内预制构件的信息创建过程可分为两个阶段:预制构件库的信息创建,以及工程 BIM 模型中的构件生产、运输和后期维护阶段的信息添加。预制构件库是一个通用的库,在工程设计中,根据需要从构件库中选取构件进行 BIM 模型的设计,添加深化设计信息等,当无任何问题时,将 BIM 模型交付给施工单位用于指导预制构件的生产、运输和施工,这些环节中的信息及后期运营维护的信息均添加到此工程的 BIM 模型中,并上传到该工程的信息管理平台上。所以,预制构件库的信息创建过程集中在第一阶段,并一次创建完成;而预制构件深化设计信息、生产厂家信息、运输信息、后期的运营维护信息等均需添加在工程的 BIM 模型构件中,不能添加到预制构件库的预制构件中。显然,信息的添加是一个分段的动态的过程。工程 BIM 模型中的预制构件存储的信息很明显包含预制构件库中对应预制构件的所有信息,工程 BIM 模型中预制构件是通过调用构件库中的预制构件并添加信息得到的"1)预制构件的编码"。因此,在创建预制构件的信息时应留足相应的信息设置,为工程 BIM 模型中的信息添加留有扩展区域。

预制构件信息创建的过程中构件可以通过添加深化设计等信息重复调用到多个工程

的 BIM 模型中,这说明预制构件具有一定的可变性。预制构件通过参数进行变化,具有一般的 BIM 核心建模软件中族的特性,但它与族又有本质的区别:它的外形参数等只能在一定的范围内,而且预制构件还含有诸如钢筋用量信息等相互区别的信息。

4.4.3　预制构件的入库与预制构件库的管理

1) 预制构件的审核入库

当预制构件的编码和信息等创建后,审核人员需对构件的信息设置等逐一进行检查,还需将构件的说明形成备注,确保每个预制构件都具有唯一对应的备注说明。经审核合格后的构件才可上传至构件库。

预制构件的审核标准应规范统一,主要审核预制构件的编码是否准确,编码是否与分类信息对应,检查信息的完整性,保证一定的信息深度等级,避免信息深度等级不足导致预制构件不能用于实际工程。同样也要避免信息深度等级过高,所含有的信息太细致,导致预制构件的通用性较低。

2) 预制构件库的管理

基于 BIM 的预制构件库必须实现合理有效的组织,以及便于管理和使用的功能。预制构件库应进行权限管理,对于构件库管理员应具有构件入库和删除的权限,并能修改预制构件的信息,对于使用人员,则只能具有查询和调用的功能。构件库的管理如图 4-7 所示,主要涉及的用户有管理人员和使用人员。使用人员分为本地使用人员、网络用户客户端、网络构件网用户。

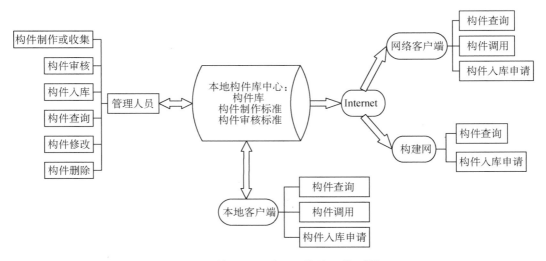

图 4-7　基于 BIM 的预制构件库管理[46]

本地构件库中心应具有核心的构件库、构件的制作标准和审核标准等。管理人员应拥有最大的管理权限,能够自行对构件进行制作,并从使用人员处收集构件入库的申请,并对入库的构件进行审核。管理人员可对需要的构件进行入库,对已有的预制构件进行查询,并对其进行修改和删除操作。本地客户端不需要通过网络链接对构件库进行使用,用户的权限比管理员的权限低,只具有构件查询、构件入库申请以及用于 BIM 模型建模的构件调用的权限。网络用户端同本地用户端具有相同的权限,需要通过网络使用构件库。客户端是一个桌面应用程序,安装运行,通过网络或本地连接使用构件库。此外,网络上的构件网可以提供其他用户进行查询和构件入库申请的功能,但不能进行构件调用操作。

4.4.4 基于 BIM 的装配式结构预制构件库的应用

由前文论述可知,预制构件库是基于 BIM 的装配式结构设计方法的核心,整个设计过程是以预制构件库展开的。在进行装配式结构设计时,首先需要根据建筑设计的需求,确定轴网标高,并确定所使用的装配式结构体系,再根据设计需求在构件库中查询预制梁柱,注意预制梁柱的协调性,再布置其他构件,如此形成装配式结构的 BIM 模型,完成预设计。预设计的 BIM 模型需进行分析复核,当没有问题时此 BIM 模型即满足了结构设计的需求,结构的设计方案确定。不满足分析复核要求的 BIM 模型需对不满足要求的预制构件,从预制构件库中挑选构件进行替换,当预制构件库中没有合适的构件时需重新设计预制构件并入库。对调整过后的 BIM 模型重新分析复核,直到满足要求。确定了结构设计方案的 BIM 模型需进行碰撞检查等预装配的检查,当不满足要求时需修改和替换构件,满足此要求的 BIM 模型既满足结构设计的需求,又满足装配的需求,可以交付指导生产与施工。在整个设计过程中,预制构件库中含有很多定型的通用的构件,可以提前进行生产,以保证生产的效率。因为预制构件库的作用,生产厂商无须担心提前生产的预制构件不能用在装配式结构中,造成生产的预制构件浪费的情况。

对于预制构件库的管理系统而言,用户可以通过客户端对预制构件进行调用,并进行工程 BIM 模型的创建。BIM 模型作为最后的交付成果,预制构件的选择起了很大的作用,而构件库的完善程度决定了基于 BIM 的装配式结构设计方法的可行性和适用性。当预制构件库不完善时,要想设计符合用户自己需求的装配式建筑,难度较大,需要单独设计构件库中还未包含的预制构件。

总的来说,装配式建筑和 BIM 技术均为未来建筑发展方向,将两者结合在一起,以 Revit 为基础,建立基于 BIM 的装配式构件库,一方面可以将设计常用的装配式构件进行归并,以达到简化构件的目的;另一方面,将厂家可生产的构件录入,以方便设计人员进行选取。构件库建立之后,设计人员即可按照构件库中已有的构件进行设计和后续的建模,既方便设计,又有利于指导后期的可视化施工。

4.5 本章小结

本章聚焦于装配式结构设计阶段,主要指出了 BIM 技术在装配式结构设计中应用的必要性,介绍 BIM 结构设计工具、关键技术及预制构件库的构建及应用,表明 BIM 技术能够很好地服务于装配式结构设计阶段,协调构件的设计与生产,提高装配式结构的设计与建造效率。

5 BIM 技术在装配式建筑生产阶段的应用

　　装配式建筑预制构件生产参与方多、信息量大且复杂,将 BIM 技术应用到装配式建筑生产阶段中,实现 PC 构件生产的信息化、生产过程的自动化,能够有效提高 PC 构件生产效率及生产管理水平。本章将重点介绍 BIM 技术在装配式建筑生产各阶段的应用、预制构件生产关键技术以及将 BIM 技术应用于预制构件生产管理中。

5.1　BIM 技术对装配式建筑生产阶段应用的必要性

　　作为装配式建筑工程项目生产周期中的一个关键部分,构件生产流程起到了承上启下的枢纽作用,即承接设计阶段以及过渡到施工阶段。PC 构件是组成装配式建筑的基本产品单元,其生产加工是通过产品工序化管理,以生产批次为单位,结合设计图纸、构件模型信息、材料信息和生产进度信息等转化为实际生产加工信息[56]。目前,国内的 PC 构件厂发展还处于起步阶段,相关技术尚不成熟。在实际生产过程中存在诸多问题,例如,PC 构件工厂生产自动化、信息化程度低,各种资源浪费严重从而导致构件生产成本增加等。另外,PC 构件种类多且复杂,标准化程度低;加之缺乏合理的生产管理制度,工厂实际生产产能远低于设计产能。

　　目前以 BIM 为代表的信息技术与预制构件生产研究相结合是装配式建筑相关研究领域的热点之一,充分发挥 BIM 技术可视化、协同性、信息完备性等优势,可以有效解决构件生产阶段参与方多、信息量大、信息复杂等问题。将 BIM 技术与 PC 构件生产过程相结合,探讨 BIM 技术在生产过程中的应用,使信息技术、生产技术和管理技术相结合,实现 PC 构件生产的信息化、生产过程的自动化,以有效提高 PC 构件生产效率及生产管理水平,降低构件生产成本,推动装配式建筑进一步发展。以 PC 构件 BIM 信息模型作为信息交流平台,并通过生产实际生产数据进行反馈、补充和完善,可以提高构件信息处理的质量与效率,有效解决 PC 构件生产过程中存在的问题。在预制构件的生产过程中使用 BIM 相关技术,能够实现生产过程各利益相关方或参与方的有效协同工作,并在设计、施工、运维等工作阶段达到更好的综合效益[57]。

5.2 BIM 技术在预制构件生产各阶段的应用

5.2.1 深化设计阶段

PC 构件经过设计院设计后,进入工厂生产阶段也可借助 BIM 技术实现由设计模型向预制构件加工模型的转变,为构件加工生产进行材料的准备。在构件加工过程中实现构件生产场地的模拟并对接数控加工设备实现构件自动化和数字化的加工。在构件生产后期管理与运输过程中,围绕 BIM 平台和物联网技术实现信息化与工业化的深度融合。BIM 技术在 PC 工业化生产阶段的应用,有利于材料设备的有效控制,有利于加工场地的合理利用,提高工厂自动化生产水平,提升生产构件质量,加快工作效率,方便构件生产管理。

1）预制构件加工模型

装配式模型经过构件拆分,然后细化到每个构件加工模型,涉及的工作量大而繁琐。因此,在构件加工阶段需对预制构件深化设计单位提供的包含完整设计信息的预制构件信息模型进一步深化,并添加生产、加工与运输所需的必要信息,如生产顺序、生产工艺、生产时间、临时堆场位置等,形成预制构件加工信息模型。从而完成模具设计与制作、材料采购准备、模具安装、钢筋下料、埋件定位、构件生产、编码及装车运输等工作。

基于 BIM 信息化管理平台(如 iTWO4.0 5D BIM 云平台、EBIM-现场 BIM 数据协同管理平台等),设计人员将设计成果上传到平台中,生产管理人员通过平台获取设计后的成果,包括构件模型、图纸、表格、文件等,对模型信息进行提取与更新,借助 BIM 模型和云平台实现由设计到构件加工的信息传递。

2）预制构件模具设计

模具设计加工单位可以基于构件 BIM 模型对预制构件的模具进行数字化设计,即在已建好的构件 BIM 模型的基础上对其外围进行构件模具的设计。构件模具模型对构件的外观质量起着非常重要的作用,构件模具的精细程度决定了构件生产的精细程度,构件生产的精细程度又决定了构件安装的准确度和可行性。借助 BIM 技术,一方面可以利用已建好的预制构件 BIM 模型提供构件模具设计所需要的三维几何数据以及相关辅助数据,实现模具设计的自动化;另一方面,利用相关的 BIM 模拟软件对模具拆装顺序的合理性进行模拟,并结合预制构件的自动化生产线,实现拼模的自动化。当模具尺寸数据或拼装顺序发生变化时,模具设计人员只需修改相关数据,并对模型进行实时更新、调整,对模具进一步优化来满足构件生产的需要,从源头上解决构件的精细程度问题。

3）预制构件材料准备

基于 BIM 模型和 BIM 云平台,提取结构模型中各个构件的参数,利用 BIM 云平台及模型内的自动统计构件明细表的功能,对不同构件进行统计,确定工厂生产和现场装配所需的材料报表。在材料的具体用量上,根据深化设计后的构件加工详图确定钢筋的种类、工程量,混凝土的标号、用量,模具的大小、尺寸、材质,预埋件,设备管线的数量、种类、规格等。亦可通过 BIM 技术对构件生产阶段的人力、材料、设备等的需求量进行模拟,并根据这些数据信息确定物质和材料的需求计划,并进一步确定材料采购计划。在此基础上,进一步制定成本控制目标,对生产加工的成本进行精细化的管控。由 BIM 平台提取来的数据可供管理人员用于分析构件材料的采购与存储计划,提供给材料供应单位,也可用作构件信息的数据复核,并根据构件生产的实际情况,向设计单位进行构件信息的反馈,实现设计方和构件生产方、材料供应方之间信息的无缝对接,提高构件生产信息化程度。

5.2.2　生产方案的确定阶段

BIM 技术在流水线设计、生产计划编制和库存规划方面都有应用潜力:(1)设计流水线时可以直接从深化设计 BIM 模型中提取待生产构件的相关信息用于设计或者设计结果模拟,可避免二次信息输入。但由于实际生产过程中一条流水线往往只生产几类构件,而且设计流水线时所需构件信息也只有几何信息等有限信息,因此目前的相关研究通常是通过构件信息直接输入来完成设计流水线时产品信息导入的。(2)编制生产计划时,可以直接从深化设计得到的 BIM 模型中提取准确的构件信息,用于生产过程各工序耗时估计,比传统方法更为高效和精确。(3)BIM 模型中不但包括构件信息还可包括场地信息,可以利用 BIM 技术进行库存规划。建立直观的 3D 库存规划 BIM 模型,一方面与传统的 2D 图纸相比,能更为直观地展示库存规划方案,另一方面也便于直接提取场地和产品信息,可进行更精确的货物存取模拟。

1)典型构件工业化加工设备与工艺选择

目前,PC 构件的加工,涉及的工业化加工设备种类主要有混凝土搅拌、运输、布料、振捣、蒸养设备,钢筋加工设备,构件模具等其他设备,而涉及的工艺流程主要有固定台座法、半自动流水线法、高自动流水线法。对于不同类型的预制构件需要结合不同的工艺流程和设备来完成构件的加工。

2)主要生产工艺模拟与分析

目前 PC 构件的生产加工工艺大部分采用的是半自动流水线生产,也可以选择传统固定台座法或高自动流水线法。生产工艺的选择首先通过 BIM 技术开展工艺流程模拟,以 4D 的形式展示生产过程及构件生产线上可能出现的技术缺陷,通过 4D 会议的方式解决遇到的问题,从而选择适合本项目的最优生产工艺。

固定台座法是在构件的整个生产过程中,模台保持固定不动,工人和设备围绕模台工作,构件的成型、养护、脱模等生产过程都在台座上进行。利用固定台座法可以生产异形构件,具有适应性好、比较灵活、设备成本低、管理简单等特点,但是机械化程度低,消耗人工较多,工作效率低下。该方法适用于构件比较复杂,有一定的造型要求的外墙板,阳台板、楼梯等。

而采用半自动流水线法生产,整个生产过程中生产车间按照生产工艺的要求将划分工段,人员设备不动,模台绕生产工段线路循环运行,每个工段配备专业设备和人员,构件的成型、养护、脱模等生产过程分别在不同的工段完成。半自动流水线法,设备初期投入成本高,机械化程度高,工作效率高,可以生产多品种的预制构件如内墙板、叠合板等。

高自动流水线法与半自动流水线法类似,自动化程度更高,设备人员更加专业,构件生产的整个过程为一个封闭的循环线路,目前国内运用得较少,国外发达国家在构件生产方面应用得较多。

5.2.3 生产方案的执行阶段

通过与 ERP、PDA 技术结合,BIM 技术也可以用于构件生产与质检管理。构件生产和质量检测都需要利用构件深化设计信息,可以直接通过移动终端获取构件的 BIM 模型信息,并反馈生产状态和质检结果,有利于解决目前生产现场对纸质化构件加工图的依赖,提高生产效率[58]。

1)构件加工

目前,借助 BIM 技术,辅助预制构件生产加工的方式主要有两种:一种是将预制构件 BIM 加工模型与工厂加工生产信息化管理系统进行对接,实现构件生产加工的数字化与自动化;另一种,便是借助 BIM 技术的模拟性、优化型和可出图性,对构件、模具设计数据进行优化后,导出预制构件深化设计后的加工图纸及构件钢筋、预埋件等材料明细表,以供技术操作人员按图加工构件。

(1)BIM 模型对接数控加工设备

在 PC 构件的工厂生产加工阶段,传统的生产方式是操作人员根据设计好的二维图纸将构件加工的数据输入加工设备中,这种方式不但效率低下,而且难免会出现数据偏差。而在构件生产加工阶段,可以充分利用 BIM 模型实现构件数字化和自动化的制造。利用 Revit、PKPM-PC、Tekla Structures 等软件建立的三维模型与工厂加工生产信息化管理系统进行对接,将 BIM 的信息导入数控加工设备中,对信息进行识别。尤其可以实现钢筋加工的自动化,把 BIM 模型中所获得的钢筋数据信息输出到钢筋加工数控机床的控制数据,进行钢筋自动分类、机械化加工,实现钢筋的自动裁剪和弯折加工,并利用软件实现钢筋用料的最优化。另外,在条件允许的情况下,将 BIM 模型与构件生产自动化流水线的生产设备对接,利用 BIM 模型中提取的构件加工信息,实现构件生产自动画线定位、模具摆放、自动布筋、预埋件固定、混凝土自动布料、振捣找平等 PC 构件的生产。数据信息的传递实现无纸化加工、电子交付,减少人工二次录入带来的错误,提高工作效率。

(2)BIM 模型导出构件加工详图

在没有条件实现 BIM 模型对接数控加工设备的情况下,基于预制构件加工信息模型,可以将模型数据导出,进行编号标注,自动生成完整的构件加工详图,包括构件模型图、构件配筋图以及根据加工需要生成的构件不同视角的详图和配件表等。借助 BIM 平台实现模型与图纸的联动更新,保证模型与图纸的一致性,图纸可由预制构件加工模型直接发布成 DWG 图,减少错误,提高不同参与方之间的协同效率。

工人在构件加工的过程中应用深化设计后生成的构件加工详图(包括构件模型、构件配筋图、构件模具图、预埋件详图等)和构件材料明细表等数据辅助工人进行图纸的识图、钢筋的加工、模具的安装等。利用模型的三维透视效果,对构件隐蔽部分的信息进行展示,对钢筋进行定位,确定预埋铁件、水电管线、预留孔洞的尺寸、位置,有效展示构件的内部结构,便于指导构件的生产,避免由于技术人员自身的理解能力和图纸识图的能力问题造成构件加工的误差,提高构件生产的精细度。

2) 构件生产管理

在构件的生产管理阶段,将预制构件加工信息模型的信息导出规定格式的数据文件,输入工厂的生产管理信息系统,指导安排生产作业计划。借助 BIM 模型与 BIM 数据协同管理平台结合物联网技术在构件生产阶段在构件内部植入 RFID 芯片,该芯片作为构件的唯一标识码,通过不断搜集整理构件信息将其上传到构件 BIM 模型及 BIM 云协同平台中,记录构件从设计、生产、堆放、运输、吊装到后期的运营维护的所有信息。在EBIM 云平台打印生成构件二维码,并将其粘贴在构件上,通过手机端扫描二维码掌握构件目前的状态信息。这些信息包含构件的名称、生产日期、安装位置编号、进场时间、验收人员、安装时间、安装人员等等。无论是管理人员,还是构件安装人员都可以通过扫描二维码的方式对构件的信息进行从工厂生产到施工现场的全过程跟踪、管理,同时通过云平台在模型中定位构件的位置,用来指导后续构件的吊装、安放等。利用 BIM 云平台+物联网技术对构件进行生产管理,能够实时显示构件当前状态,便于工厂管理人员对构件物料的管理与控制,缩短构件检查验收的程序,提高工作效率。

5.2.4 库存与交付阶段

在生产运输规划中需要考虑几个方面的问题。第一,住宅工业化的建造过程中,现场湿作业减少,主要采用预制构件,由于工程的实际需要,一些尺寸巨大的预制构件往往受到当地的法规或实际情况的限制,需要根据构件的大小以及精密程度规划运输车次,做好周密的计划安排。第二,在制定构件的运输路线时,应该充分考虑构件存放的位置以及车辆的进出路线。第三,根据施工顺序编制构件生产运输计划,实现构件在施工现场零积压。要解决以上几个问题,就需要 BIM 信息控制系统与 ERP 进行联动,实现信息共享。利用 RFID 技术根据现场的实际施工进度,自动将信息反馈给 ERP 系统,以便管理人员能够及时做好准备工作,了解自己的库存能力,并且实时反映到系统中,提前完成堆放等作业。在运输过程中,需要借助 BIM 技术相关软件根据实际环境进行模拟装载运输,以减少实际装载过程中出现的问题。

在该阶段目前主要是利用 BIM 模型进行构件交付完成情况的展示。部分学者针对预制构件采购中供应链管理效率低下、纸质化信息不及时问题,开发了建筑供应链管理系统,可以直接利用 BIM 模型中构件信息,通过网络寻找预制构件供应商,并利用 BIM 与地理信息系统(Geographic Information System, GIS)技术进行订单完成进度实时展示。

5.3　基于 BIM 技术的预制构件生产关键技术

5.3.1　物联网技术

物联网(Internet of Things)的概念是于 1999 年首次提出的,它是指将安装在各种物体上的传感器、电子标签(RFID)、二维码标签和全球定位系统通过与无线网络相连接,赋予物体电子信息,再通过相应的识别装置,以实现对物体的自动识别和追踪管理。物联网最鲜明的特征是:全面感知、可靠传递和智能处理。相应的,其技术体系包括感知层技术、网络层技术、应用层技术。物联网可以广泛地应用于生活的方方面面,如物料追踪、工业与自动化控制、信息管理和安全监控等等,运用在工程项目的物料追踪中可大大提高现场信息的采集速度

1) 二维码技术

二维码(QR-code),是按一定规律使用二维方向上分布的黑白相间的图形来记录数据信息的符号,相比于传统的一维条码技术,它具有信息容量大、抗损能力强、编码范围广、译码可靠性高、成本低、制作简单等优点,能够存储字符、数字、声音和图像等信息。二维码的应用主要包括两种:一种是二维码可以作为数据载体,本身存储大量数据信息;另一种是将二维码作为链接,成为数据库的入口。在工程项目中,通过相关软件生成构件的二维码,并粘贴到构件表面,现场工作人员可直接扫描构件二维码来读取构件的信息并在移动终端上完成相关工作,实现信息的及时录入和读取,改变了传统的工作方式。

二维码技术是 BIM 信息管理平台中的重要应用技术之一,二维码能与构件一一对应,是连接现实与模型的媒介。通过移动终端扫描二维码可以定位构件模型,各参与方管理人员要能清楚地查询和更新与构件有关的基本属性、扩展属性、构件状态和相关任务。基本属性应包括构件的名称、ID、名称、类别、楼层、位置、尺寸、重量、钢筋数量及规格、预埋件种类及个数、材质等;扩展属性应包括构件从生产施工现场全过程信息,如构件厂商、生产人员、堆放区、出厂日期、运输方、运输车车牌、司机姓名、进场时间、施工单位、施工班组、施工日期、检验人员、相关表单和资料附件等;构件状态应能反映构件从发送订单、生产、堆放、运输到吊装验收全过程的跟踪记录,包括构件状态、跟踪时间、跟踪人员、跟踪位置和相关照片等,实现全过程的可追溯;相关任务应包括构件所属的任务名称、工期、计划开始、计划完成、实际开始、实际完成、责任人、相关人等。

2) RFID 技术

RFID(Radio Frequency Identification,无线射频识别)是一种非接触式的自动识别技术,通过与互联网技术相结合,无须人工干预即可完成对目标对象的识别,并获取相关数据,从而实现对目标物体的跟踪和信息管理,它具有穿透性强、环境适应能力强和操作快捷方便等优势。该技术自 20 世纪 80 年代之后呈现出高速发展势头,逐渐成为目前应用最为广泛的一种非可视接触式的自动识别技术。目前典型应用有货物运输管理、门禁管

制和生产自动化等。RFID 的应用体系基本上是由电子标签、读写器和天线三部分组成。电子标签(Tag):由芯片和耦合元件构成,电子标签上可进行信息的直接打印,附着在目标物体上对其进行标识,是射频识别系统的数据载体,同时每一个标签具有唯一的编码,可以实现标签与物体的一一对应。读写器(Reader):用于读取和写入标签信息的设备,一般可分为手持式和固定式两种,主要任务是实现对标签信息的识别和传递。天线(Antenna):电子标签和读写器间传递数据的发射/接收装置,我国现有读写器在选择不同天线的情况下,读取距离可达上百米,可以对多个标签进行同时识别。RFID 技术的基本原理是读写器通过天线发出一定频率的射频信号,当标签进入天线辐射场时,产生感应电流从而获得能量,发出自身编码所包含的信息,阅读器读取并解码后发送至电脑主机中的应用程序进行相关处理。

5.3.2　GIS 技术

GIS 是在计算机硬件系统与软件系统支持下,以采集、存储、管理、检索、分析和描述空间物体的定位分布及与之相关的属性数据,并回答用户问题等为主要任务的计算机系统[59],是一门综合性的新兴学科,其涉及的技术囊括了计算机科学、地理学、测绘学、环境科学、城市科学、空间科学、信息科学和管理科学等学科,并且已经渗透到了国民经济的各行各业,形成了庞大的产业链,与人们的生活息息相关。

从 20 世纪 90 年代的科学与技术发展的潮流和趋势看,应从三个方面来审视地理信息系统的含义。首先,地理信息系统本质上是一种计算机信息技术,管理信息系统是它应用的一个方面。其次,地理信息系统的基本特点是对空间数据的采集、处理与存储,强大的空间分析能力可以帮助人们分析一些解决不了的难题,这就使得其成为一种强有力的辅助工具。最后,地理信息系统是人的思想的延伸[60]。地理信息系统的思维方式与传统的直线式思维方式有很大不同,人们能从极大的范围关注到与地理现象有关的周围的一些现象变化及这些变化对本体所造成的影响。地理信息系统是与地理位置相关的信息系统,因此它具有信息系统的各种特点。

1) 具有空间性

GIS 技术的基础是空间数据库技术,其空间数据分析技术也是建立在这个基础上的。所有的地理要素,只有按照特定的坐标系统的空间定位[61],才能使具有地域性、多维性、时序性特征的空间要素进行分解和归并,将隐藏信息提取出来,形成时间和空间上连续分布的综合信息基础,支持空间问题的处理与决策。

2) 具有时间性和动态性

地理要素时刻处于变化之中,为了真实地反映地理要素的真正形态,GIS 也需要根据这些变化依时间序列延续,及时更新、存储和转换数据,通过多层次数据分析为决策部门提供支持。这就使其获得了时间意义。

3) 能够分析处理空间数据

GIS 最不同于其他信息系统的地方在于其强大的空间数据分析功能,依托计算机系统的支持,能使地理信息系统以精确、快速、综合地对复杂的地理系统进行过程动态分析和空间定位[62]。并对多信息源的统计数据和空间数据进行一定的归并分类、量化分级等标准化处理,使其满足计算机数据输入和输出的要求,进而实现资源、环境和社会等因素之间的对比和相关分析。

4)可视化的处理过程

GIS 的信息可以分为图形元素和属性信息两个部分,通过一定的技术可以把空间要素以图形元素的形式清晰地展现在计算机上,并关联上一定的属性信息,使用户得到一个易于理解的可视化图层文件。

5.3.3 基于云技术的 BIM 协同平台

基于云技术的 BIM 协同设计平台是指将云计算中的理念和技术应用到 BIM 中,云端的服务器采用分布式的非关系型数据库,建设工程项目海量的数据存储在云端,数据交换基于但不局限于当下通用的 IFC 标准格式。同时,在客户端搭建一个面向建设工程项目全生命周期的协同设计平台,该平台能够为分布于不同时间和地点的用户提供云端服务,使得与项目相关的各方人员能在同一平台上工作,实现了各个项目参与方之间的协同工作,增强了项目参与方之间的沟通与信息交流,提高了工作效率,也促进了建筑业的现代化与信息化。云计算在 BIM 协同设计平台中的应用才刚起步,但是其巨大的潜力已经被认可。首先,建设工程项目的全生命周期统领在一个协同平台下,有助于打破不同项目进程之间的堡垒,保证项目的完整性;其次,对各专业设计者而言,基于云技术的协同设计平台,可以有助于他们完成整个设计流程,设计变更的成本降低、效率大幅提升;再者,使用云技术为基础的项目服务可以通过扩展来降低硬件成本和总成本,这是业主乐于看到的;最后,各个 BIM 软件供应商们可以创建新的工具和云部署的系统,来吸引更为广泛的用户群。

1)协同平台基本构架

基于云技术的 BIM 协同设计平台将建设工程海量的设计资料、设计信息存储在云端,云端的服务器采用分布式非关系型数据库,通过数据切分、数据复制等技术手段保证项目数据的完整性、安全性,同时保证数据的传输速率。客户端的用户可以接入云端,使用在云端服务器上的各种 BIM 软件,通过协同平台的模块功能进行三维协同设计、信息交互等一系列活动,设计成果如 BIM 模型和图纸等信息也存储在云端数据库中,其他获得权限的设计人员可以随时访问服务器并获得相应数据信息。由于云端的服务器为客户端提供了进行协同设计的软件环境、计算能力和存储能力,从而降低了客户端计算机的硬件成本,即降低了协同设计的成本。云端的服务器可以根据建设工程项目的大小进行调整,来迎合不同客户的需求。总体来讲,其数据库可以分为三层:数据获取和流量控制层、数据上传和提取层,以及数据存储层。客户端即 BIM 协同设计平台的功能模块可分为七个:BIM 模型模块、任务及时间进度管理模块、安全及权限管理模块、冲突检测和设计变更模块、法律条规检测模块、知识管理模块,以及基于 BIM 模型的拓展功能分析模块。在协同设计平台中,BIM 模型模块、任务及时间进度管理模块和安全及权限管理模块这三个模块是整个协同平台的功能基础,冲突检测和设计变更模块、法律条规检测模块通过这三个基础模块得以实现。为提升协同化设计的质量服务,知识管理模块贯穿整个协同设计过程。另外,鉴于部分 BIM 软件如 Revit 提供 API 接口,所以设置基于 BIM 模型的拓展功能分析模块,可以给 BIM 模型提供光照分析、能量分析和造价概算等。

2) 4D-BIM

通常将时间属性视为除了 3D(x,y,z)环境之外的第四维度,即 4D(t,x,y,z)环境。4D-BIM 将施工进度计划与 3D-BIM 模型相结合,以视觉方式模拟项目的施工过程,通过将每个构件与其对应的时间信息相连接的方式实现施工的动态化管理。施工模拟使业主和利益相关者能够在项目开始之前对现场施工情况在三维的环境中进行观察,这可以帮助他们做出更好的决策并制定更有利可图的财务计划。这种动态模拟能够帮助发现施工过程中可能发生的冲突和设计中的错误,如现场材料布局冲突、资源配置冲突和一些进度计划中的逻辑错误。施工活动具有严格的逻辑顺序,这意味着一些工作只能在其他工作完成后开始,任何进度计划表中的逻辑错误都可能导致整个项目的财务损失和延迟。在开始工作之前检查进度计划的合理性很重要,这正是 4D 模拟可以帮助实现的。与传统的二维方法相比,以可视化方式审查施工计划并与其他参与者进行沟通比较容易。可以通过 4D 工具生成动画视频,展示项目的整个生产过程,它使承包商和现场施工人员更好地了解他们的工作应该于何时何地开始和完成。4D 模型也可用于分析与结构和现场问题相关的安全问题,对结构进行施工过程中实时的受力计算来评估施工风险。一些施工中搭建的临时结构(如脚手架和围栏等)也可以在模拟过程中进行统计和分析,这有助于施工管理人员监控现场。4D 进度管理可以运用于项目的所有阶段。在预构建阶段,使用 4D 模拟来检测进度计划或设计中的错误,有助于减少冲突。在施工期间,进度信息应由相关人员及时更新,之后利用 4D 工具进行计划施工进度与实际施工进度的比较,项目经理应该意识到滞后或提前工期的后果,对工作计划及时进行调整。

LOD 的规定在 4D 模拟中扮演着重要角色,模型达到的精细程度越高,施工模拟的可靠性及精度越高。项目所有者及项目经理应该考虑投资和回报之间的关系,慎重决定模型应该实现的 LOD 等级。建筑行业已经意识到将进度计划与 BIM 模型结合在一起的优势,越来越多的 4D 工具相继被开发利用来满足施工模拟的需求。

5.4 基于 BIM 技术的预制构件生产管理

预制构件生产中需要进行生产作业计划编制、调整等多项决策,还需要对进度、库存、配送等大量信息进行管理[63]。通过将信息化技术、自动化技术、现代管理技术与制造技术相结合,可以改善甚至改变构件生产企业的经营、管理、产品开发和生产等各个环节,实现真正意义上的建筑产业化。

目前,相关企业开始采用企业资源计划(Enterprise Resource Planning,ERP)系统进行生产作业计划及生产过程管理。ERP 系统是指建立在信息技术基础上，以系统化的管理思想为企业决策层及员工提供决策运行手段的管理平台。然而基于一般生产过程开发的 ERP 系统，直接应用于预制构件生产管理存在下列问题。首先，利用 ERP 系统进行生产管理时需人工输入大量数据，效率低下且容易出错。其次，ERP 系统智能化程度较低，决策过程依然需要大量的人工干预，且难以考虑预制构件生产特点，导致决策优化程度较低，增加成本、降低效率。最后，缺乏有效的预制构件跟踪方法，只能通过定期收集的产出信息跟踪生产，生产信息时效性低下，导致生产管理较为被动并难以有效地发现生产中的潜在问题并防止问题扩大化。BIM 技术为解决以上问题提供了可能性。ERP 系统在生产管理中，通过各构件生产工厂提供的模台情况（包括数量、空置率等），基于合同管理中记录的合同任务量，总公司利用 ERP 系统合理安排各生产工厂的构件加工计划，并且通过芯片实时反馈的信息进行质量控制，一旦发现状态异常，及时做出处理。通过 ERP 管理系统与 BIM 及芯片内集成数据的结合，实现混凝土预制构件生产企业从项目信息、生产管理、库存管理、供货管理到运维管理整条生产链的预制构件信息化集成管理。

MES(Manufacturing Execution System，MES)系统是制造执行系统的简称，是一套面向制造企业车间执行层的生产信息化管理系统[64]。在混凝土构件生产企业，可以利用 RFID 芯片技术将 MES 系统与 ERP 系统连接，记录每一块 PC 构件基本信息，并在平台上实现信息查询与质量追溯，为政府监管单位提供实际抓手，提高平台自身在 PC 产业的权威性和专业性。根据公司 ERP 系统反馈的生产计划，工厂利用 MES 系统完成每日生产计划安排，技术人员每日从系统内调取当日生产计划，打印对应编号的 RFID 芯片，并且做好备料准备。如果 MES 系统显示物料不全或不足，管理人员应当及时列出缺料明细，并且联系采购部门，避免出现生产订单下达后却因缺失材料而无法生产的情况。在构件生产过程中，质检人员通过相关设备登录工厂 MES 系统进行各生产环节的信息记录，确保质检实际情况，并与 ERP 系统进行联动，实现信息共享。若发现问题，技术质量部可通过 MES 系统及时做出处理。在库存管理过程中，根据 ERP 系统下发的库存管理信息进行构件堆放，出库时及时扫描芯片，并同步将信息录入两个系统中。

基于 BIM 的信息化管理平台生产管理人员将生产计划表导入 BIM 协同管理平台，根据构件实际生产情况对平台中的构件数据进行实时更新，分析生成构件的生产状态表和存储量表，根据生产计划表和存储量表对构件材料的采购进行合理安排，避免出现材料的浪费和构件生产存储过多导致场地空间的不足问题。

其中比较有代表性的中建科技装配式智慧工厂信息化管理平台，集成了信息化、BIM、物联网、云计算和大数据技术，面向多装配式项目、多构件工厂，针对装配式项目全生命周期和构件工厂全生产流程进行管理，目前主要包括如下几个管理模块：企业基础信息、工厂管理、项目管理、合同管理、生产管理、专用模具管理、半成品管理、质量管理、成品管理、物流管理、施工管理、原材料管理。平台主要有如下功能和特点：

1）实现了设计信息和生产信息的共享

平台可接收来自 PKPM-PC 装配式建筑设计软件导出的设计数据，如项目构件库、构件信息、图纸信息、钢筋信息、预埋件信息、构件模型等,实现无缝对接。平台和生产线或者生产设备的计算机辅助制造系统进行集成,不仅能从设计软件直接接收数据,而且能够将生产管理系统的所有数据传送给生产线或者某个具体生产设备,使得设计信息通过生产系统与加工设备信息共享,实现设计、加工生产一体化,无须构件信息的重复录入,避免人为操作失误。更重要的是,将生产加工任务按需下发到指定的加工设备的操作台或者PLC 中,并能根据设备的实际生产情况对管理平台进行反馈统计,这样能够将构件的生产领料信息通过生产加工任务和具体项目及操作班组关联起来,从而加强基于项目和班组的核算,若废料过多、浪费高于平均值给予惩罚,若低于平均值则给予奖励,从而提升精细化管理,节约工厂成本。

生产设备分为钢筋生产设备和 PC 生产设备两大类。管理平台已经内置多个设备的数据接口,并且在不断增加,同时考虑到生产设备本身的升级导致接口版本的变更,所以增加"设备接口池"管理,在设备升级时,接口能够通过系统后台简单的配置就能自动升级。

2）实现了物资的高效管理

平台接收构件设计信息,自动汇总生成构件 BOM(Bill of Material,物料清单),从而得出物资需求计划,然后结合物资当前库存和构件月生产计划,编制材料请购单,采购订单从请购单中选择材料进行采购,根据采购订单入库。材料入库后开始进入物资管理的一个核心环节——出入库管理。物资出入库管理包括物资的入库、出库、退供、退库、盘点、调拨等业务,同时各类不同物资的出入库处理流程和核算方式不同,需要分开处理。物资出入库业务和仓库的库房库位信息进行集成,不同类型的物资和不同的仓库关联,包括原材料仓库、地材仓库、周转材料仓库、半成品仓库等。物资按项目、用途出库,系统能够实时对库存数据进行统计分析。

物资管理还提供了强大的报告报表和预告预警功能。系统能够动态实时生成材料的收发存明细账、入库台账、出库台账、库存台账和收发存总账等。系统还可以按照每种材料设定最低库存量,低于库存底线便自动预警,实时显示库存信息,通过库存信息为采购部门提供依据,保证了日常生产原材料的正常供应,同时使企业不会因原材料的库存数量过多而积压企业的流动资金,从而提高企业的经济效益。

3）实现构件信息的全流程查询与追踪

平台贯穿设计、生产、物流、装配四个环节,以 PC 构件全生命周期为主线,打通了装配式建筑各产业链环节的壁垒。基于 BIM 的预制装配式建筑全流程集成应用体系,集成PDA、RFID 及各种感应器等物联网技术,实现了对构件的高效追踪与管理。通过平台,可在设计环节与 BIM 系统形成数据交互,提高数据使用率;对 PC 构件的生产进度、质量和成本进行精准控制,保障构件高质高效地生产,实现构件出入库的精准跟踪和统计;在构件运输过程中,通过物流网技术和 GPS 系统进行跟踪、监控,规避运输风险;在施工现场,实时获取、监控装配进度。

5.5 本章小结

本章聚焦于装配式建筑生产阶段,主要指出了 BIM 技术在装配式建筑生产阶段应用的必要性,详细阐述 BIM 技术应用于预制构件生产中深化设计、生产方案确定、执行及库存与交付各阶段,介绍了基于 BIM 技术的预制构件生产技术与管理,表明 BIM 技术能够很好地服务于装配式建筑生产阶段,提高 PC 构件生产效率及生产管理水平。

6 BIM 技术在装配式建筑施工阶段的应用

装配式建筑施工阶段协同程度要求高、信息互联更加紧密,BIM 技术能够很好地解决装配式建筑施工阶段的难题,提高施工阶段项目目标的精细化管理水平。本章将重点介绍 BIM 技术在装配式建筑施工阶段的应用、BIM 工具、构件管理及施工项目管理。

6.1 BIM 技术对装配式建筑施工阶段应用的必要性

装配式建筑的建造方式区别于传统建筑,具有场地布置要求高、吊装工艺复杂、各专业工序交替、施工协同难度大、在信息互联方面表现得更为紧密的特点。而以 BIM 为代表的信息化技术,因其参数化、可视化和协调化的功能优势,为我国建筑工业化的发展赋予了新的使命,因而在装配式建筑施工阶段中应用 BIM 技术十分有必要。将 BIM 技术应用于装配式建筑施工阶段,可以丰富企业 BIM 构件库,结合 RFID 技术对构件实施跟踪管理,借助 4D 施工管理提高装配质量,共同推动装配式建筑实现施工阶段的信息化创新应用之路[65]。

装配式建筑的建造方法在施工过程中较传统的施工方法有很大的改变。在施工阶段,装配式建筑具有提高生产效率、缩短施工周期、确保工程质量安全等优势,具体介绍如下:

1) 提高生产效率

传统施工方法中,在钢筋、模板验收完毕后,才开始浇筑混凝土,这个过程非常漫长,对时间的利用率很低。而装配式建筑的构件在预制工厂进行批量生产,减少了搭设脚手架、绑扎钢筋、支设模板等工作量,因此生产效率大大提高,尤其是对于结构中复杂部位的处理,其优势更加突出[66]。

2) 缩短施工周期

对于传统的现浇混凝土施工模式,一层主体结构的建造需要 5 天左右的时间,考虑到抹灰等装饰工程与主体施工不是同时进行,混凝土的养护、办理移交也需要一个过程,所以一层主体结构的施工时间大约为 7 天。装配式建筑的预制构件可以进行批量化生产,并且可将多项专业技术应用于同一构件上,运输到施工现场前就已经是成品或半成品,在施工现场只需对预制构件进行吊装与拼接,这样一来就在很大程度上缩短了工期。

3）确保工程质量与安全

传统的现场施工由于工人水平不一、沟通不到位，所以质量验收不合格等情况难以避免。相比之下，装配式建筑的预制构件在工厂生产，后期的养护、储存过程也便于温度、湿度等因素的控制，从而更能保证预制构件的质量。此外，传统的建造方式有大量的露天作业、高空作业，存在极大的安全隐患，而工业化的建造方式也降低了这种不安全作业的工作量。

但与此同时，装配式建筑在施工过程中也存在一些突出的弊端。比如，在装配式建筑安装过程中容易产生构件缺货、装配错误、构件管理混乱等问题；装配式建筑对工程项目各个环节以及各个参与方的协同程度要求更高，如果某一个环节的信息传递出现差错，会造成成本上升、效率降低等后果。这些施工阶段的技术和管理问题也影响了我国装配式建筑发展。

BIM 技术则很好地解决了装配式建筑施工阶段的难题。应用 BIM 技术可剖析预制装配式建筑施工过程中出现的各种数据信息，协调重新组合不同建筑工程的数据，建立仿真模拟 3D 信息模型的建筑物，从而促进项目的整体优化[67]。首先，在项目施工阶段，项目精细化管理始终难于实现，根本原因在于项目的海量数据与信息无法快速准确获取，运用 BIM 技术可以自动识别构件之间的冲突碰撞，减少变更、返工的风险，从而减少材料浪费，在三维模型的基础上引入时间进度计划，创建 4D 模型进行施工模拟，监控施工形象进度，在 4D 模型的基础上还可以关联成本信息，多算对比加强成本管控，可视化安全交底减少现场安全事故的发生。其次，探索搭建基于 BIM 模型的协同平台，能够解决施工阶段各参与方的协调沟通问题。PC（Prefabricated Concrete）项目构件拆分设计后二维图纸多、各专业工序交替施工，比传统住宅协同的环节更多，施工现场 BIM 与 RFID（Radio Frequency Identification）技术、二维码等多参与方协同工作系统的应用，有利于项目参与方的信息沟通和数据共享，创新施工管理模式和手段。最后，装配式建筑与 BIM 技术的结合符合当前中央发展装配式建筑的要求，住建部提出要促进建筑业与信息化的深度融合，尤其强调了要推进基于 BIM 技术的装配式住宅的发展。故开展 BIM 技术在预制装配式建筑施工阶段的管理中的应用研究，不仅可以提高施工阶段项目目标的精细化管理水平，解决当前建筑业资源高消耗、劳动力短缺和信息集成度不高等突出问题，也是化解住房问题的重大举措，有着重要的理论意义和实际价值。

6.2　施工阶段的 BIM 工具

针对装配式建筑的施工阶段，国内外常用的 BIM 软件主要是 RIB、Autodesk Navisworks、Innovaya、Bentley Navigator、Solibri Model Checker、鲁班、广联达、斯维尔等软件。

1）RIB

RIB 是德国的大型建筑软件供应商，其主要产品有 RIB iTWO，RIB TEC（Structural Engineering Software）和 RIB STRAITS[68]。

在建筑行业应用最广泛的是 RIB iTWO，RIB iTWO 拥有全球领先的 5D 建筑施工全过程管理解决方案，可以导入 BIM 模型，通过在平台上集成的算量、进度、造价管理等模块，进行碰撞检测、进度管理、算量、招投标管理、合同管理、工程变更等全过程施工管理。RIB 公司在多地创建了 iTWO 五维实验室，由进度、成本、施工等各个领域的人员组成项目团队，使用 iTWO 在 5D 模型环境中进行项目协调和管理。各参与者可以随时通过移动终端查看和管理项目，还可以上传施工管理相关信息，所有信息更新及时、共享方便。

RIB 的优势在于它能够实现进度、成本、虚拟施工等各项工作的高度集成，用它建立的模型信息能够重复利用，由此避免信息损失和工作重复。但是 RIB 只能导入 BIM 模型，而不能进行编辑和完善，如果 BIM 模型不完整，是无法在 RIB 中进行模型整合和完善的；而且 RIB 平台无法与 Revit 等核心建模软件双向链接，无法根据设计的更改而自动变化；另外 RIB 对结构信息的表达都是通过文字的方式，而不能够通过实体模型的方式进行展示，在结构算量方面还存在不足。

2）Autodesk Navisworks

Navisworks 也是基于 BIM 技术研发的一款软件，是 BIM 技术工作流程的核心部分。Navisworks 分为四部分，Navisworks Manage，Navisworks Simulate，Navisworks Review 和 Navisworks Freedom。Navisworks 主要用于仿真和优化工期、确定和协调冲突碰撞、团队协作以及在施工前发现潜在问题。其中 Navisworks Manage 和 Navisworks Simulate 可以将设计者的概念设计精确展现，创建准确的施工进度计划表，在项目开始前就可以将施工项目进行三维展示；Navisworks Freedom 是一款面向 NWD 和 DWFTM 文件格式的免费浏览器。在施工过程中应用最多的是 Navisworks Manage，该软件可以将模型融合、施工进度与碰撞检测等工作做到完美结合，还可以制作施工动画、漫游展示等以指导现场施工。

借助 Navisworks 软件，在三维模型中添加时间信息，进行四维施工模拟，将建筑模型与现场的设施、机械、设备、管线等信息加以整合，检查空间与空间、空间与时间之间是否冲突，以便于在施工开始之前就能够发现施工中可能出现的问题，来提前处理[68]；也能作为施工的可行性指导，帮助确定合理的施工方案、人员设备配置方案等。在模型中加入造价信息，可以进行 5D 模拟，实现成本控制。另外，BIM 使施工的协调管理更加便捷。信息数据共享和施工远程监控，使项目各参与方建立了信息交流平台。有了这样一个平台，各参与方沟通更为便捷、协作更为紧密、管理更为有效。

3）Innovaya

Innovaya 是最早推出 BIM 施工软件的公司之一，支持 Autodesk 公司的 BIM 设计软件，Sage Timberline 预算，Microsoft Project 及 Primavera 施工进度。Innovaya 的主要产品是 Visual Estimating 和 Visual Simulation，用于施工预算和进度管理[69]。Innovaya Visual 5D Estimating 是一款强大的算量软件，不仅可以用于工程量计算，还可以自动将构件和预算数据库连接进行组价。Innovaya 预算数据库根据施工需要对构件进行分类，设定构件的单价，并将其编入数据库。导入 Revit 等模型后，该软件可自动进行工程量计算，并与预算数据库对接，调用相关构件单价，完成工程造价。造价的精确度与构建预算库的精细化程度紧密相关，Innovaya 精细化程度高、预算精确，可以精确到施工装配件上的石膏板、钉子等细节，而且相关信息都可以与三维构件直接链接，使用者可以很方便地查看构件单价和数量。

Innovaya Visual 4D Simulation 是 Innovaya 公司开发的进度管理软件，Visual Simulation 可以将 MS Project 或者 Primavera 活动计划与 3D-BIM 模型衔接，也可以将进度计划与构件相关联，在可视化的环境下查看工程进度情况，而且进度模型可以随着进度信息的调整自动更改。

4）Bentley Navigator

Bentley Navigator 是一款虚拟施工管理软件，可用于交互信息查看、分析和补充，并提供信息交互平台，保证交互质量，还可以通过三维可视化提前发现施工中可能存在的问题，帮助避免现场施工误差带来的巨大损失。

Bentley 比 Revit 的功能更全面，平台设计建模能力强，各专业软件划分较细，分析性能好。基于 Project Wise 平台的项目信息共享和协作较方便，使用流畅。但 Bentley 界面较复杂，操作比较难，有时还需要编程，并且软件学习成本大，教学资源少，推广落后。此外，Bentley 系列软件的管理平台与其他软件平台之间存在不匹配的现象，用户需要经常转换模型形式，操作较为烦琐。

Bentley Navigator BIM 模型审查和协同工作软件利用 Navigator，可以在项目的整个生命周期内更快地做出更明智的决策，并降低项目的风险。

首先，使用该软件能在三维模型中通过更加清晰可见的信息，使各方能够更加深入了解项目的运营情况。

其次，在每台设备上都能以一致的体验即时获取最新信息从而加快项目交付，通过工地现场人员更快更可靠的问题解决方案，增进项目协调并促进协同工作。

最后，在整个项目周期使用 Navigator，可以更好地促进协同工作，加快设计、施工和运营的批准速度。在设计阶段，该软件能够通过碰撞检测提供及时的问题解决方案，帮助确保业务间的协调；在施工过程中，可以执行施工模拟，并在办公室、现场和工地间进行协调，深入了解项目规划和执行情况，为在施工现场发现的问题寻找解决方案；在运营期间，可以在三维模型环境下查看资产信息，利用此功能提高检查和维护的安全性和速度。

5）Solibri Model Checker

如果说模型碰撞检查是目前 BIM 应用的基本需求，那么模型缺陷检查则是该软件一个比较有特点的功能。模型碰撞是几何空间的冲突，但其他建筑属性、逻辑关系等问题，就需要通过缺陷检查才能发现[70]。

各专业的模型协调是一个很重要的 BIM 应用。Solibri Model Checker 利用可自定义的规则、逻辑关系、模型缺陷、几何冲突等一系列综合手段进行分析、协调。通过不同的模型进行对照检查，实现模型版本管理。

由于目前 BIM 软件繁多、相应的 BIM 模型格式也不统一，采用国际标准 IFC 是目前比较可行的模型数据交互、整合的方式。Solibri Model Checker 采用国际标准 IFC 进行数据交互,以满足各类 BIM 软件建立的模型可以进行整合的需求。

6)鲁班

鲁班是国内 BIM 的倡导者,始终定位于提供施工阶段 BIM 解决方案,贯穿于施工全过程,提供算量、进度管理、碰撞检查等服务。鲁班 BIM 应用主要包括 BIM 应用套餐、BIM 系统和 BIM 服务。

BIM 应用套餐主要是将传统的鲁班算量软件与 BIM 对接,包括 IFC 导入、分区施工、输出 CAD 图纸等 1～5 个应用。

BIM 系统主要包括成本管理、进度管理、碰撞检查、集成管理平台等,建筑、结构、安装等各专业可以通过鲁班集成平台进行协同设计,减少沟通错误,提前发现设计问题,提高设计效率,降低相关方的沟通成本,缩短工期。

鲁班 BIM 服务主要是根据设计模型或图纸创建施工模型,并将模型提供给鲁班 BIM 系统,为 BIM 系统的施工管理应用提供基础支撑。

鲁班有着较强的预算能力,并在此基础上开发了施工管理解决方案,但鲁班没有独立的设计软件,而且与 BIM 核心建模软件协同性较差,对其数据导入困难,需要重新建模。

7)广联达

广联达作为我国建筑行业大型软件公司,在 BIM 领域也是走在前列。广联达公司最开始是提供 BIM 咨询服务,后推出了 BIM 解决方案,并收购了机电专业软件 MagiCAD。

广联达 BIM 应用主要体现在机电设计、三维算量、基于 BIM 的结构施工图设计、三维场地布置、一致性检查、施工模拟、BIM 浏览等方面,其 BIM 软件有 BIM 5D、MagiCAD、GICD(基于 BIM 的结构施工图智能设计软件)、BIM 算量系列、BIM 浏览器、BIM 审图等。

8)斯维尔

斯维尔广泛应用于设计院、业主方、造价咨询单位、施工单位,并提供针对各个单位的解决方案。

对于业主方,斯维尔通过成本管理系统、三维算量软件、计价软件、招投标电子商务系统及工程管理系统为企业提供成本管理、招投标、合同管理、竣工结算、设备管理等多项服务。

对于施工单位,斯维尔通过项目管理、材料管理、合同管理、算量、计价等软件为施工单位提供工程量计算、投标、合同管理等解决方案。

对于造价咨询单位,斯维尔提供的解决方案主要包括造价咨询管理信息系统及三维算量和计价软件。用户可以通过造价咨询管理信息系统进行成本控制、任务处理等,为公司不同部门的数据传递和共享提供统一工作平台[71]。

6.3 装配式建筑施工阶段的构件管理

在过去许多已完成的装配式建筑施工过程中,经常会遇到这样的问题:构件种类多,运输及现场吊装容易找错构件,即使严格安排工序,也容易发生施工程序混乱的现象。事实上靠人工记录数以万计的构配件,错误必然发生。装配式建筑施工阶段引入 BIM 技术,可以有效化解构件管理难的问题,应用 RFID 技术,对构件进行科学管理,大大提高施工效率,缩短施工周期。

6.3.1 装配式建筑施工阶段的构件管理方法

构件是装配式建筑的核心。构件在施工阶段的管理,贯穿于构件生产、运输、储存、进场、拼装的整个过程中。

1) 构件运输阶段

预制构件在工厂加工生产完成后,在运输到施工现场的过程中,需要考虑两个方面的问题,即时间与空间。首先,考虑到工程的实际情况和运输路线中的实际路况,有的预制构件可能受当地的法律法规的限制,无法及时运往施工现场。所以考虑到运输时间的问题,应根据现场的施工进度与对构件的需求情况,提前规划好运输时间。其次,由于一些预制构件尺寸巨大甚至异形,如果由于运输过程中发生意外导致构件损坏,不仅会影响施工进度,也会造成成本损失。所以考虑到运输空间的问题,应提前根据构件尺寸类型安排运输卡车,规划运输车次与路线,做好周密的计划安排,实现构件在施工现场零积压。

要解决以上两个问题,就需要 BIM 技术的信息控制系统与构件管理系统相结合,实现信息互通。构件管理系统的管理流程是,利用 RFID 技术,根据现场的实际施工进度,将信息反馈给构件管理系统,管理人员通过构件管理系统的信息能够及时了解进度与构件库存情况。在运输过程中,为了尽量避免实际装载过程中出现的问题或突发情况发生,可利用 BIM 技术的模拟功能对预制构件的装载运输进行预演。

2) 构件储存管理阶段

装配式建筑施工过程中,预制构件进场后的储存是个关键问题,与塔吊选型、运输车辆路线规划、构件堆放场地等因素有关,同时需要兼顾施工过程中的不可预见问题。施工现场的面积往往不会太大,施工现场预制构件堆放存量也不能过多,需要控制好构件进场的量和时间。在储存及管理预制构件时,不论是对其进行分类堆放,还是出入库方面的统计,均需耗费大量的时间以及人力,难以避免差错的发生。

信息化的手段可以很好地解决这个问题。利用 BIM 技术与 RFID 技术的结合,在预制构件的生产阶段,植入 RFID 芯片,物流配送、仓储管理等相关工作人员则只需读取芯片,即可直接验收,避免了传统模式下存在的堆放位置、数量出现偏差等相关问题,进而令成本、时间得以节约。在预制构件的吊装、拼接过程中,通过 RFID 芯片的运用,技术人员可直接对综合信息进行获取,并在对安装设备的位置等信息进行复查后,再加以拼接、吊装,由此使得安装预制构件的效率、对吊装过程的管控能力得以提升(如图 6-1、图 6-2 所示)。

3) 构件布置阶段

与传统现浇式建筑不同,一栋装配式建筑一般由成千上万的预制构件组成,考虑到施工区域空间有限,不合理的施工场地布置会严重影响后期的吊装过程,所以施工区域的划分非常关键。装配式建筑施工场地布置的要点在于塔吊布置方案制定、预制构件存放场地规则、预制构件运输道路规划等。

图 6-1　预制构件进场[72]

图 6-2　预制构件的现场堆放[72]

（1）塔吊布置方案制定

在装配式建筑施工过程中，以塔吊作为关键施工机械，其效率如何，将对建筑整体施工效率产生影响。结合此前经验来看，因布置塔吊欠缺合理性，常常会发生二次倒运构件现象，对施工进度造成极大影响。因此，型号、装设位置选定的合理性至关重要。首先，需对其吊臂是否满足构件卸车、装车要求等加以明确，进而明确选定的型号。其次，依据设备作业以及覆盖面的需求、与输电线之间的安全距离等，以对塔吊尺寸、设施等的满足作为前提，进而对现场布设塔吊的位置加以明确。在完成如上两大操作后，针对塔吊布设的多个方案，进行 BIM 模拟、对比、分析工作，最终选择出最优方案。

（2）预制构件存放场地规则

预制构件进入施工现场后的存放规则前文已有提及，此处需要强调的是，构件在存放场地的储备量应满足楼层施工的需求量，存放场地应结合实际情况优化利用，同时，存放场地是否会造成施工现场内交通堵塞也是必须考虑的问题。

（3）预制构件运输道路规划

预制构件从工厂运输至施工现场后，应考虑施工现场内运输路线，判断其是否满足卸车、吊装需求，是否影响其他作业。

应用 BIM 技术可模拟施工现场，进行施工平面布置，合理选择预制构件仓库位置与塔吊布置方案，同时合理规划运输车辆的进出场路线。利用 BIM 技术优化施工平面布置的流程，如图 6-3 所示。因此，将 BIM 技术运用于施工平面布置方面，不仅可令塔吊布设方案制定、预制构件存放场地规则、预制构件运输道路规划等得以优化，还能有效避免预制构件或其他材料的二次倒运、延长施工进度等问题，进而使得垂直运输机械具备更高的吊装效率[73]。

6.3.2　BIM 与 RFID 的应用

射频识别（Radio Frequency Identification，RFID）技术由来已久，最初始于二战时

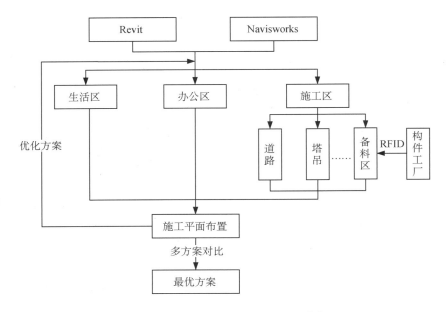

图 6-3　施工平面布置最优方案[73]

期,但受到科技发展和成本规模的限制,一直未得到普遍的应用与推广。RFID 由读写器、中间件、电子标签、软件系统组成。当标签进入读写器辐射场后,会自动接收读写器发出的射频信号,读写器读取标签信息,并将信息送至软件系统进行数据处理。RFID 主要的优势体现在,远距离识别并传输数据,避免覆盖物遮挡的影响,同时读取多个电子标签信息方便快速查找构件,信息储存量大,数据长期保存利于设备维护更新;主要的劣势为信息保密性较差、电磁辐射以及成本较高等问题。伴随着科学技术的发展,以及 RFID 技术价值的驱动,RFID 技术已步入商业化应用的时代。RFID 技术在商业化应用过程中体现出巨大的应用价值和项目效益,曾被誉为 21 世纪最具有发展价值的信息技术之一。该技术更新了新一代企业的信息交互模式,不断地被应用到金融、物流、交通、环保、城市管理等几大行业当中。RFID 技术与计算机及通信技术相结合,实现了供应链中物体的追踪、信息的存储与共享,让物体的信息在其生命周期内"随处可见"。

　　当 BIM 技术产生以后,可以很好地结合 RFID 技术应用于预制装配式住宅构件的制作、运输、入场和吊装等环节(如图 6-4 所示)。首先,在预制构件制作时,以 BIM 模型构件拆分设计形成的数据为基础数据库,对每一个构件进行编码,并将 RFID 标签芯片植入构件内部;其次,在构件运输阶段,实时扫描构件 RFID,监控车辆运输状况;再次,当运输构件的车辆进入施工现场时,门禁读卡器自动识别构件并将标签信息发送至现场控制中心,项目负责人通知现场检验人员对构件进行入场验收,根据吊装工序合理安排构件现场堆放;最后,在构件吊装时,技术负责人结合 BIM 模型和吊装工序模拟方案进行可视化交底,保证吊装质量。

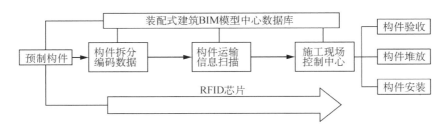

图 6-4　RFID 技术的应用[65]

6.4　基于 BIM 的装配式建筑施工阶段的施工项目管理

基于 BIM 的装配式建筑施工阶段的施工项目管理包括：在 BIM 模型的基础上关联进度计划进行 4D 工序模拟，优化吊装进度计划；构件级数据库准确快速统计工程量，多算对比加强成本管控；将多专业模型整合到同一个平台，利用管线综合自动检查管线净高和间距减少碰撞冲突，提高施工质量；搭建基于 BIM 的施工资料管理平台，方便查找和管理资料。

6.4.1　BIM 技术在施工过程进度控制中的应用

传统项目进度管理，主要是通过进度计划的编制和进度计划的控制来实现。在进度计划执行过程中，检查实际进度是否按计划要求执行，若出现偏差就及时找出偏差原因，然后采取必要的补救措施加以控制。由于我国建设工程的规模越来越大，影响因素和参与方增多，协调难度剧增，导致传统进度管理不及时，缺乏灵活性，经常出现实际进度与计划进度不一致，计划控制作用失效。

在预制装配式住宅 BIM 模型的基础上，关联项目进度计划形成 4D 施工工序模拟，在模型中查看构件的状态信息，并调整构件的时间参数（开始、结束和持续时间），BIM 模型就会自动显示增加或减少的构件，准确快速地统计每个区域的构件量。在施工过程中，通过扫描构件 RFID 或二维码，可进行实际施工进度与模型的对比，模型会发出进度预警（红色表示进度滞后、绿色表示进度提前），然后施工人员根据预警信息及时调整进度计划。

6.4.2　BIM 技术在施工过程质量控制中的应用

传统二维施工图纸，采用线条绘制表达各个构件的信息，而真正的构造形式需要施工人员凭经验去想象，技术交底时不够形象、直观[73]；而 BIM 可视化交底是以三维的立体实物图形为基础，通过 BIM 模型全方位地展现其内部构造，不仅可以精细到每一个构件的具体信息，也方便从模型中选取复杂部位和关键节点进行吊装工序模拟。逼真的可视化效果能够增加工人对施工环境和施工工艺的理解，从而提高施工效率和构件安装质量。

在搭建装配式住宅 BIM 模型时,各专业穿插进行容易造成不同专业的构件发生碰撞。传统的二维图纸进行管线协调时,需要花费大量的时间去发现专业之间"错、碰、漏、缺"等问题,而在三维可视化下可以准确展现各专业之间的空间布局和管线走向,提前检查碰撞点并对管线重新进行排布,生成预留孔洞,减少碰撞冲突和现场返工[74]。土建专业的深化阶段中,传统二维图纸对预制构件进行拆分时不能很好地考虑构件之间的整体性,这可能导致预制构件之间不能准确搭接。利用 BIM 软件的可视化功能从整体角度考虑构件之间连接的合理性,单独生成构件施工图(如图 6-5 所示)指导现场构件安装施工,顺利解决了上述问题。

(a) 搭接不合理   (b) 搭接合理

图 6-5　梁柱[65]

当进行钢筋专业深化时,利用 Tekla 软件建立 PC 构件钢筋 BIM 模型(如图 6-6 所示)。钢筋的三维排布更容易发现节点处的碰撞问题,从而使构件钢筋排布更为合理。即使钢筋排布出现问题,也可以根据检测结果调整、修改钢筋间距和位置,并与设计单位就碰撞问题进行讨论优化,降低现场施工难度。

 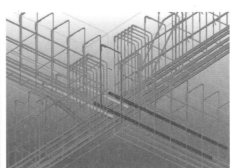

(a) 搭接不合理   (b) 搭接合理

图 6-6　钢筋[65]

机电专业深化分为两个部分:管线综合优化,对管线排布进行优化设计,指导现场施工;与土建 BIM 模型协同进行碰撞检查,确定预留洞口位置,既提高效率又能确保正确率。

6.4.3 BIM 技术在施工过程成本控制中的应用

传统模式下,工程量信息是基于 2D 图纸建立的,造价数据掌握在分散的预算员手中,数据很难准确对接,导致工程造价快速拆分难以实现,不能进行精确的资源分析。而具有构件级的 BIM 模型,关联成本信息和资源计划形成构件级 5D 数据库,根据工程进度的需求,选择相对应的 BIM 模型进行框图,调取数据,分类汇总,形成框图出量,然后快速输出各类统计报表,形成进度造价文件,最后提取所需数据进行多算对比分析,提高成本管理效率,加强成本管控[75]。

以某基坑为例,利用鲁班土建建立其 BIM 模型,然后点击条件统计对话框中的工程数据选项栏,就可以按项目—楼层—同类构件—单个构件或者同时选择多个不同类型构件进行工程量统计,软件自动输出相应的清单汇总表(如图 6-7 所示),包括构件编码、构件位置、工程量、构件类别和构件属性等具体信息。

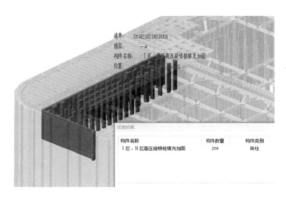

图 6-7　工程量统计[65]

6.5　本章小结

本章聚焦于装配式建筑施工阶段,主要指出了 BIM 技术在装配式建筑施工阶段应用的必要性,介绍施工阶段的 BIM 工具,并详细阐述 BIM 技术应用于装配式建筑施工中的构件管理和施工项目管理,表明 BIM 技术能够很好地服务于装配式施工阶段,提高施工阶段项目目标的精细化管理水平。

7 BIM 技术在装配式建筑运维阶段中的应用

一般来说,装配式建筑项目的全部过程包括四个阶段,即规划设计阶段、建筑设计阶段、运营维护阶段和废除阶段。而对于建筑项目来讲,运维阶段的成本是最高的,要想更好地降低企业生产成本,就要做好项目的运维工作。目前在我国的工程项目中,还存在着工程运维成本较高的问题。这主要是由于我国建筑业的管理模式还存在着很多问题,管理效率较为低下,这样一来,就导致了工程项目运维过程中的效率降低。在装配式建筑运维阶段中,利用 BIM 技术,可以更好地让企业对项目周期进行整合,也能更好地帮助企业掌握项目信息,从而能够提高我国建筑行业的经济效益。

7.1 BIM 技术在装配式建筑运维阶段中的应用价值

装配式建筑项目全生命周期包含项目的建设期和运维期。一般来说,项目的建设期只需要几年即可完成,但运维期则需要几十年甚至上百年,成为项目全生命周期耗时最长、建筑结构和设备维护关键的阶段。因此,在装配式建筑项目运维阶段建立基于 BIM 技术的信息维护与管理系统,以实现设备信息及时查找、修改,为后期的运营维护提供保障,具有重要的意义。在传统的信息运维管理过程中,一般是通过人为操作来处理这些信息,这样极大降低了工程项目运营的效率。而利用 BIM 技术就可以很好地解决这个问题。传统的系统维护一般是运维方通过竣工图纸,再配合 Excel 表格对建筑中各个系统、设备等相关数据进行了解,这样既缺乏时效性,也不够直观。应用 BIM 技术,项目竣工之时将包含设计、生产、施工等关键信息的竣工模型交付业主。根据 BIM 模型,业主维护人员可快速熟悉并掌握建筑内各种系统设备数据、管道走向等资料,进而快速找到损坏的设备及出问题的管道,及时维护建筑内运行的系统。例如,甲方发现一些渗漏问题时,首先不是实地检查整栋建筑,而是转向在 BIM 系统中查找位于嫌疑地点的阀门等设备,获得阀门的规格、制造商、零件号码和其他信息,快速找到问题并及时维护。通过 BIM 系统,可帮助第三方运维使用基于 BIM 模型的演示功能对紧急事件进行预演,进行各种应急演练,制定应急处理预案。通过 BIM 在运维阶段的应用,可以有效改善传统模式下的成本浪费、管理缺乏数据支持等局面,充分发挥其在建筑上可持续的特性[76]。

综上所述,将 BIM 技术应用在装配式建筑的运维阶段有以下应用价值:

首先,BIM 技术有利于实现数据共享。在项目运维的过程中,我们可以通过 BIM 技术建立一个长期的信息储存和提取体系及数据库,实现信息数据的共享。这样一来,就能很好地保证在建筑的设计和施工阶段及时生成相关数据。

其次,BIM 技术有利于及时更新数据库。通过 BIM 技术可以将实际应用和数据结合在一起,在数据库信息管理过程中,将最新的数据反馈到系统平台中,从而实现原有数据库的更新并为工程项目的运维提供强有力的数据支撑,从而更好地保证工程项目的稳定运行。最终,及时更新的数据库能够优化企业工程项目建设过程中的资源配置,进而为企业创造最大的经济效益。

最后,利用 BIM 技术还可以使得系统可在移动终端设备查看。在工程运维管理体系中,需要通过各种互联网技术给运维人员提供相应的数据支持。这样一来,就有利于帮助我们更好地将 BIM 技术与信息技术结合在一起,实现数据的可视化。除此以外,我们也能更好地在项目管理和空间管理工作中,打破时空的限制,随时查询自己所需要的数据。

7.2　基于 BIM 的装配式建筑运维管理系统构建

目前运维部门内部已经应用了一些运维管理系统,这些管理系统能够独立地支撑起特定专业的运维任务,但是其所提供信息的准确性不高,精细度不够,无法满足运维管理对信息的需求,而且各个系统间信息相互独立,无法达到资源共享和业务协同的目的。利用 BIM 技术可以实现整个运维期内相关运维信息的存储、交互和共享,为运维管理工作提供信息支持。为了避免出现传统运维管理软件中存在的信息孤岛,更好地发掘运维信息的潜在使用价值,实现运维管理过程中的信息协同,提升装配式建筑运维管理的质量和效率[77],本节根据 BIM 技术的特点,构建了基于 BIM 的运维管理应用框架,尝试弥补传统运维工作在信息协同方面的不足。

7.2.1　运维数据核心内容构建

将 BIM 技术应用在装配式建筑运维管理系统中,需要构建集成为一体的 BIM 模型基础数据,主要包括装配式建筑模型、结构模型、内部设备模型、管道综合模型等。根据前期 BIM 技术在装配式建筑设计、施工阶段的应用,将已有的 BIM 建筑模型和结构模型加载于管理系统中。同时,将建筑体内的监控设备、防火设备、照明设备、排水设施、通风设备等根据专业进行标识,然后按照设备的尺寸、所在建筑位置等实际信息建立内部设备设施 BIM 模型,并将各类配套设施构件的生产厂家、使用年限、安全性能等属性进行信息录入,统一加载于运维信息数据库中。

随着构件的施工,对所有构件进行统一编码,根据构件的铺设路径、管线用途、性质、使用单位等属性,利用颜色和危险度系数等原则进行分类,建立统一的管线 BIM 模型数据库。该数据库中应具体包括管线的位置、管线相应的物理参数、功能参数以及相应的配套监测设施参数等数据。同时,将传感器、GIS 地理信息系统等收集的信息录入数据库,最终形成一个完整的运维信息数据库。

7.2.2 系统设计的基本思想

项目运维阶段的 BIM 模型集成了从设计、施工到运维结束的全生命周期的所有信息,包含项目基本信息、勘察设计信息、合同文本信息、材料设备采购信息、工程变更信息、工程竣工验收信息及建筑物物理属性信息、几何尺寸信息、管道布置信息等。这些信息集成在 BIM 共享平台中,项目业主可以随时查询所有数据资料,维修人员也可在后期准确调取相关构件信息,并及时修改与项目实际不符的信息,同时,运用 BIM 信息维护系统,可以准确定位机电工程、暖通工程及给排水系统在建筑物中的位置,及时发现问题,解决问题,减少寻找突发事故的时间,使得现场维修工作更加准确、及时。图 7-1 为基于 BIM 技术的设施维护与管理系统框架。

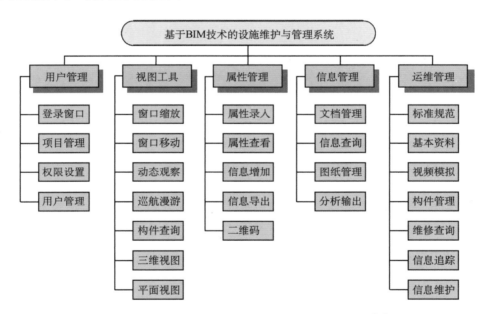

图 7-1 基于 BIM 技术的设施维护和管理系统框架[78]

以装配式建筑在建设、施工阶段已有的 BIM 信息模型为基础,通过安装传感器、监控监视设备等,搭建运维管理所需的数据信息,利用互联网、物联网等技术,将前期设计和施工阶段已有的 BIM 信息与后期运维信息进行整合,加载于已有的 BIM 模型中,构建统一的管理平台。BIM 信息技术可以进行空间信息定位和数据资料的保存,利用涵盖各种数据和信息的 BIM 模型,制定运维阶段的合理维护方案计划,协助工作人员进行维护管理,对重要设备或隐蔽工程进行信息跟踪记录等,从而实现设备的有效保护,降低维修成本[78]。

7.2.3　系统应用终端

基于BIM的运维管理系统具有模型管理与信息管理两大功能。该系统依据框架层次和功能差异,通过确定工作平台与工作界面,细化模型中与技术资料、运营数据等关联的问题,以保证信息的全面性和实用性,对各项系统层次实现信息化、网络化的管理,形成多方面信息的数据共享、多角度的数据分析统计,为运维工作提供决策支持。

模型管理功能:BIM技术可以在软件及网页中实现对模型的快速定位,通过对浏览方式、模型的精细度、观测方位的选择,以及对相关构件的属性显示,达到设施设备维护管理的要求。同时,运用BIM技术可以对模型界面中的资料信息进行后期完善,使运维阶段变得可视化。此外,通过BIM技术还能够进行节能模拟、日照模拟、风向检测模拟,直接实现对建筑物智能化管理。

信息管理功能:数据是BIM信息模型构建的基础,BIM技术结合互联网技术,能够实现对数据的集成。通过各平台数据的导入,BIM系统可以对运维阶段的动态信息和资料进行收集与管理,实现项目运维各参与方之间的信息共享与反馈,促进各部门协同工作。基于BIM也能够实现远程信息交流及信息的同步更新,为不同参与方、不同阶段提供了协同的工作平台。

7.2.4　运维管理系统实现

数据共享层的主体是BIM运维数据库,运维数据库应包括深化设计和竣工交付的相关信息,以及各类设备在运维期内产生的状态、属性和过程信息。这些运维数据信息通过BIM数据库统一进行存储、读取和管理。数据共享层的目标是实现运维数据的集成和共享。数据共享层的模块分类见表7-1。

表7-1　数据共享层模块说明

数据共享层	模块说明
BIM模型	存储、调取建筑结构、位置、属性等信息
设计、施工信息	设计图纸、设计变更、施工日志等
运维信息	运维过程中产生各类的信息

系统应用层建立在数据共享层的基础上,系统应用层是各专业子系统的集成,反映了运维管理的不同应用需求,其中包括设备管理、日常管理、应急管理、空间管理和资产管理等。系统应用层的目的是面向不同的运维应用需求,提供相对应的运维管理应用。系统应用层的模块分类见表7-2。

在整体框架的最上层是客户端,其目的是允许不同权限的运维人员、管理人员或者利益相关方查看对应级别的数据信息或进行不同级别的管理操作。客户端的模块分类见表7-3。

表 7-2　系统应用层模块说明

系统应用层	模块说明
空间管理	空间定位、空间规划
能耗管理	设备运行参数、能耗监测数据等
日常管理	台账与信息档案管理,设备运行记录档案、故障记录档案等信息
应急管理	应急处置、应急模拟、预案制定

表 7-3　客户端模块说明

客户端	模块功能说明
运维人员	查询、上传运维数据,接收指令
管理人员	设计图纸、设计变更、施工日志等
利益相关方	运维过程中产生各类的信息

整个 BIM 应用框架的目的是实现运维数据的选取和添加,以及运维数据的集成和共享这两个重要的功能。

1) 运维数据的选取和添加

数据共享层中的 BIM 运维数据库是在继承 BIM 竣工模型的基础上,增加了设备信息、维护信息、应急管理信息等在运维阶段产生的信息而形成的,需要事先对模型进行两方面的处理:筛选 BIM 竣工模型中与运维管理相关的信息,添加运维阶段所产生的运维信息。

(1) 筛选 BIM 竣工模型中与运维管理相关的信息。BIM 竣工模型包含了诸如施工进度和施工成本等数据信息,但这些数据信息对运维管理而言并没有使用价值。因此,直接使用未经处理的 BIM 竣工模型会增加不必要的冗余信息,给系统造成较大的负担,降低数据的处理效率。因此在将 BIM 竣工模型转换为 BIM 运维模型前,需要对其中的数据进行一定程度的筛选。

(2) 添加运维阶段所产生的运维信息。由于 BIM 竣工模型只涉及设计、施工阶段,其中并没有运维阶段所产生的信息,因此,在完成对 BIM 竣工模型的数据筛选后,必须实时地将运维过程中产生的诸如设备信息、维护信息、应急管理信息等在运维阶段产生的信息添加到 BIM 运维模型中,以保证 BIM 运维模型数据的完整性。

2) 运维数据的集成与共享

运维数据的集成和共享是 BIM 数据库最重要的功能。实现运维数据集成和共享的前提是不同专业所使用的运维管理软件中不同格式的数据之间能够实现转换。虽然 BIM 竣工模型可以向 BIM 运维模型直接提供数据,并不存在数据格式转换的问题,但是运维阶段使用的不同专业类型、不同版本的软件之间的数据仍存在无法交互共享的情况,因此要实现运维数据的集成和共享,必须解决数据格式转换的问题。通过建立基于 IFC 的 BIM 运维数据库,可以很好地实现不同格式数据间的交互和共享。基于 IFC 的 BIM 数据集成平台的结构如图7-2所示。

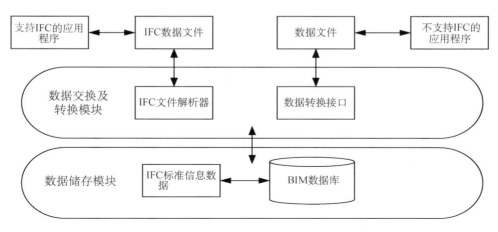

图7-2　基于 IFC 的 BIM 数据集成平台结构[79]

（1）数据存储模块依照国际协同工作联盟组织（the International Alliance for Interoperability，IAI）提出的 IFC 标准，通过 IFC 数据库访问器对 BIM 运维数据库进行数据存取可以很好地解决因使用不同的专业运维管理软件而无法与 BIM 运维数据库进行有效数据交互的问题。在 IFC 标准下的 BIM 数据库具有良好的数据共享功能，可以保证数据库中的设备状态、维修进度、财务核算等重要信息可以得到及时的更新，保证数据的准确性和即时性。同时为了方便各个利益相关方进行信息交互，可以根据不同部门、人员的管理职责设置对应的数据管理权限（图7-3）。

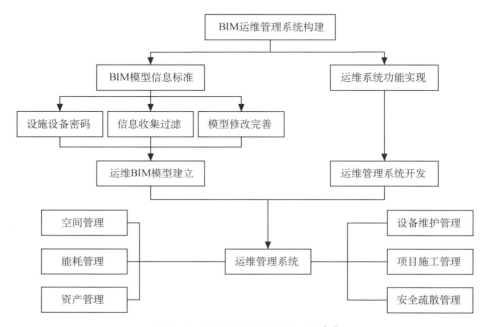

图7-3　运维管理中的 BIM 应用[78]

（2）数据交互与转换模块：对于兼容 IFC 标准的应用软件，可以直接对 IFC 文件解析器所导出的 BIM 运维数据库中的数据文件进行读写。对于无法兼容 IFC 数据标准的应用软件，则可以通过数据转换接口将 IFC 格式的文件转换成软件可以识别的文件格式，达到实现信息交换和共享的目的。

基于 BIM 的运维管理方案的实现，尤其是涉及数据管理与业务管理的相关工具，都必须依赖于 BIM 运维模型对所存储的相关运维数据的读取和由此产生的信息交互。而这又需要明确基于 BIM 的运维管理功能，同时确保这些功能能够满足装配式建筑在运维管理过程中的业务需求。通过这些具体功能的应用过程作为 BIM 运维模型的数据来源，否则将无法实现 BIM 在运维管理中的价值。此外，BIM 的相关运维管理功能对运维部门的信息化管理具有积极的促进作用。

7.3　基于 BIM 的装配式建筑运维管理系统功能分析

7.3.1　管线综合

管线综合就是将建筑物内的各种线路及管道等位置和走向进行合理的规划和布局，在满足使用需求的前提下，最大限度地压缩管线所占用的建筑内部空间，从而为建筑内人员活动和设备移动提供更大空间。随着城市快速发展，城市建筑规模越来越大，功能越来越多，结构也越来越复杂，这就要求管线在建筑内布置时需要更加密集。这些管道线路绝大多数都位于建筑隐蔽部位，这就使得运维部门对旧有管线的维修更换和新装管线的布置安装工作变得极为复杂，从而对运维单位进行管线综合作业提出了更高的要求。

利用 BIM 进行管线综合是在装配式建筑的结构 Revit 模型基础上，由各专业人员采用 Revit-MEP 负责各自管线模型的协同设计。管线布置的基本顺序原则为重力流管线—空调通风管管线—四电桥架—水暖管线。在设计前应提前确定不同属性管线的颜色，明确管线材质、管径尺寸等信息，以免在管路相互避让时产生二次碰撞。同时采用 Navisworks 软件进行碰撞检测，且所得出的碰撞报告应包括图像导引和相关碰撞管道的 ID 号等，为设计人员提供碰撞管路的准确定位。各专业根据碰撞报告调整模型后，最终确定各专业管线的位置分布，从而完成 BIM 管线综合模型。

完成后的 BIM 管线综合模型可以与结构模型通过链接导出 nwc 格式文件，为运维人员提供建筑内管线在任意位置和角度的三维视角。借助 Revit-MEP 的工作集筛选功能，可以确定各管路系统所服务的区域，对管线位置进行精确定位，为管线的快速维修和更换提供准确直观的帮助。同时，通过对各专业管路的设备生产厂商、出厂年月、型号、分类级别、管理单位、综合维修及大修周期、维修内容等属性信息进行编辑，运维系统可以根据设备的分类级别标准对需要进行维护的管线进行自动分类提示。

应用 BIM 进行管线综合可以实现以下目标：

（1）消除不同管道之间、管道与线路之间、管道线路与建筑结构之间的碰撞，在合理规划各专业管线位置和走向的前提下,减少管线的占用空间,有效节约建筑的内部空间。

（2）协调土建、给排水、暖通和机电等各专业之间的冲突,确保不同专业之间的有序施工。

（3）综合协调管线分布,合理协调设备的分布,确保设备安装后有足够的工作平台和维修检查空间。

（4）精确定位为设备安装、管线铺设预留的孔洞,最大限度地减少对建筑结构的影响及因孔洞预留不准确造成的二次施工。

（5）预估施工所需各种设备、管件、线缆的数量,完善设备清单,准确提出物资采购计划,避免材料浪费,控制施工成本。

（6）对管线布置和走向进行可视化管理,在检查和维修作业时减少对隐蔽部位的破拆,提升巡检的质量和效率。

在传统的运维管理过程中,如果要对房屋住宅的供水管路进行更新改造,首先需要查找图纸确定原有截门位置和管路走向,然后进行现场勘测,对新管路布局和走向进行设计,最后将施工技术方案报送通信、电务等部门进行协调,以避免在施工过程中对隐蔽部位的其他管线造成破坏。这样一个流程下来,往往需要多个部门多次到现场进行勘察,协调效率不高。而且在这个过程中还需要人工计算管路长度,以及所需的施工机械和零配件等。综合来看,由于协调工作内容烦琐,设计图纸精度不高,所以往往在施工过程中发生大量的变更。

而通过 BIM 进行管线综合,运维人员能够准确地定位出位于隐蔽部位的管线布置情况。而且通过在 BIM 管线综合模型中直接进行施工方案设计,可以提前发现施工方案中可能发生的管线间的碰撞冲突,为制定可行的施工方案提供依据,并将碰撞检测结果发布到统一的信息平台,从而有效地预防了维修过程中可能发生的变更,提高了管线维修作业的审批效率。同时,施工所需的管线材质、长度和相关零配件等信息也可以由 BIM 进行精确的计算,避免了施工材料上的浪费。根据统计结果,应用 BIM 进行管线综合,可以将管线维修的施工周期缩短近 10%,将各专业之间的协调时间降低 20%[80]。

7.3.2　空间管理

（1）运维人员可以根据工作需要查询建筑空间的不同属性信息,例如某楼层内各房间的使用面积、使用性质及使用单位等信息,而 BIM 会根据这些信息在模型中显示出相应的空间区域,同时生成相应的表单。

当空间布局发生调整或者变动时,在传统的运维管理中需要安排专职人员完成详细布局图样、空间设备放置等信息表单的编写与数据录入。但是在 BIM 运维模型中,所有相关信息都具有可控制的关联性。只要模型发生变更或者一项数据发生变动,其他相关的数据都会及时发生变化,这就节约了大量的人力资源和时间成本,并提高了数据的准确性与信息的完整性。

（2）BIM 技术的三维显示功能为空间的可视化管理提供技术支持。BIM 不单单可以利用其逼真的模拟功能对空间的外形尺寸和内部形状以及空间内部设备的尺寸、材质进行显示,同时还可以区分空间和设备的技术状态,并运用标签的方式加入图形或者文字,尽可能地将模型中集成的信息以直观的方式表达出来,帮助运维工作人员掌握空间的运营状态。同时,利用 BIM 技术还可以将人员无法到达的空间在三维立体模型进行任意角度的旋转和任意部位的剖切。当需要对建筑内部空间进行调整时,BIM 可以帮助运维管理人员直观地查看当前空间的布局情况,以及空间内部的设备状况。

(3) 装配式建筑在运维过程中,还需要依靠周边相关的配套功能建筑和设备设施进行协作。在 BIM 技术覆盖到房屋住宅以外的建筑群时,结合地理信息系统(Geographic Information System,GIS)在大区域集群建筑物地理信息中的优势可以更好地展现出 BIM 的应用价值[81]。

GIS 是对相关的地理位置信息进行记录、分析、检索和显示的软件系统。它可以将装配式建筑的空间数据与对应部位的属性数据进行联合,从多层次、多角度进行分析,使空间分析更加智能化。它还可以将分析结果以可视化的方式呈现给运维人员,从而使空间管理任务变得更加高效和直观。此外,GIS 更重要的功能是可以为运维部门对整个建筑群的空间管理提供技术支持,依据建筑群的平面布局和主体结构进行可视化的地理位置导航。

BIM 模型涉及的主要对象是建筑内部的结构布局,GIS 则主要应用于大区域的建筑群管理。BIM 与 GIS 相结合,就是宏观与微观的融合。在基于 BIM 的空间运维管理应用中,BIM 模型可以为运维部门提供建筑内部空间的详细状态和属性信息,GIS 则可以提供装配式住宅一定范围内建筑群的地理位置和平面布局信息。GIS 的宏观信息与 BIM 的详细数据整合在一起,使室外大环境与室内精细环境形成统一整体,为实现精准的空间管理提供了保障,为运维部门实现以房屋住宅为核心的建筑空间管理信息的数据化提供了完备的信息支持。

7.3.3 能耗管理

能耗管理是装配式建筑运维的重要工作,能源的利用效率直接影响着运营成本。它包括了机电设备运行管理、建筑能耗监测、建筑能耗分析等。在建筑运营阶段,运维部门可以通过 BIM 获取和分析各个建筑的各项能耗信息,对其能源管理策略进行调整优化。

在传统的运维过程中,对于机电设备的运行状态的监测往往是由独立的设备运行监测系统来完成的,有时由于信息化程度不高,还需要运维人员在设备现场进行手工检查和记录。这些设备运行的状态信息在独立的系统中往往不能被有效地利用,造成了信息的流失和资源的浪费。

通过信息化改造,运维人员可以依靠 BIM 联通站内各设备监测系统数据,有效地集中设备的运行数据进行统一分析,合理确定能耗管理策略。对于异常的设备能耗,在运维管理系统中可以将设备进行突出显示,便于管理人员及时确定设备位置和属性,分析可能产生的影响,从而调整相关设备运行参数,并对故障设备进行维修。借助 BIM 技术,在精细化控制建筑能耗的同时,有效降低劳动强度。

7.3.4　运维施工模拟

为了提升建筑的使用质量,延长使用寿命,对建筑内的设备设施进行维修或更换是一项必不可少的工作,也是装配式建筑运维的重要环节。装配式建筑在运维阶段的维修施工具有独特的优势。运维部门可以利用 BIM 模型模拟运维施工的全过程,制定合理的资源计划和进度计划,并基于 BIM 对运维施工项目进行控制。即在 BIM 运维模型的基础上,结合人、材、机等信息建立成本模型,同时根据运维项目的施工组织方案与整体进度安排,建立施工进度模型。然后将成本模型与进度模型结合,形成基于 BIM 的施工进度计划与成本模型,即 BIM 5D 模型。图 7-4 为施工阶段的 BIM 5D 模型结构。

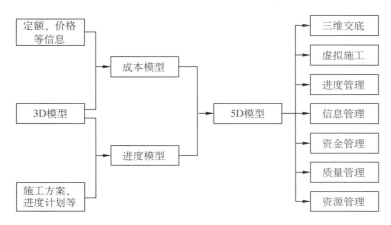

图 7-4　施工阶段的 BIM 5D 模型[82]

施工全过程 5D 虚拟建造将 BIM 三维模型与时间信息以及工程量成本信息整合在一起进行施工模拟,可以制定出详细的人员、材料和资金进度计划,有助于减少潜在的资源浪费,尽早发现延误风险,进行施工过程控制,确保施工进度。与此同时,三维模型包含工程的所有数据信息,通过施工现场与模型的实时对比,可以发现施工中的错误以及预测可能出现的问题,进而对施工组织措施进行优化。

BIM 数据库中包含了施工部位涉及的建筑材料的所有信息,BIM 提供的可视化三维模型可以直观清楚地表达出任意构件的几何特征和空间位置,让施工技术人员更好地理解设计意图,节省识图时间,更好地辅助施工。运维人员还可以快速查找对应材料的规格、尺寸等,对现场使用的材料进行关联、比对、追踪和分析,建立施工物料管理系统,保证施工质量。

在进行施工模拟的同时,利用 BIM 模型与虚拟现实(Virtual Reality,VR)技术的结合还可以实现对整个维修施工过程的模拟仿真。利用 VR 技术可以创建和体验由计算机系统生成的交互式三维环境,使运维人员在 VR 环境中感受到贴近于真实的建筑或设备,而仿真环境下的物体也可以针对人员的运动和操作做出实时准确的反应。

（1）目前已有一些运维项目对虚拟维修展开了尝试，即应用 BIM 技术与三维模拟技术进行施工现场规划布置，同时进行过程模拟分析与优化，并辅助施工过程管理[83]。在临近铁路营业线或接触网等安全性要求高的场所施工，或是为了锻炼提升对损坏设备的快速抢修能力，运维部门可以通过 BIM 模型提供的相关设备的技术资料、状态参数等数据，应用 VR 技术进行维修预演和仿真模拟，避免了传统设备维修工作在空间和时间上的限制。在仿真环境中可以实现逼真的设备拆装、故障维修等操作。同时通过仿真的操作过程，运维部门可以提前掌握维修作业需要的时间和空间，合理安排参与维修的工种和人数，配置适用的维修机具，确定设备部件的拆卸顺序，并估算维修需要的费用等。

（2）利用 VR 技术在施工 BIM 模型中进行危险源识别和安全检查，可以将关键的安全卡控措施以三维模拟动画的形式对施工作业人员进行安全交底，避免了传统安全交底可能存在的理解偏差，使施工作业人员更直观准确地了解作业现场，进而确保施工过程中各项风险的安全可控。

7.3.5　应急管理

应急管理所需要的数据都是具有空间性质的，这些信息可以通过运维管理系统按不同性质、不同用途等进行分类检索，并显示出它们之间的位置和任务逻辑关系[84]。通过 BIM 提供实时的数据共享和传输，可以为应急决策的制定提供信息支持。此外，在应急人员到达之前，就可以向运维人员提供详细的 BIM 中的空间信息，确定灾害的影响范围，识别疏散线路和危险区域之间的隐藏关系，从而减小应急决策制定过程中可能存在的隐患。

在应急响应方面，BIM 不仅可以用来辅助紧急情况下运维管理人员的应急响应工作，还可以作为一个模拟工具，模拟各种紧急情况发生时各类设备设施和人员的状态，评估各类突发事件可能导致的损失，并且对应急响应计划进行评估和修改完善。

在对突发事件进行应急响应时，BIM、RFID 等技术组成的物联网，可以利用无线电信号捕获和传输的数据来识别、跟踪设备构件，可以为室内定位、构件识别以及人员逃生等提供技术支持[85]。利用 RFID、二维码、卫星定位系统、摄像头和传感器等进行感知、捕获、测量的技术手段，物联网可以对各类物体拥有全面的感知能力，同时对信息具有可靠的传送和智能处理能力。由此，系统可以随时随地对物体进行信息采集和获取，并通过各种通信网络将物体接入 BIM 运维系统，实时进行可靠的信息交互和共享。运维部门可以利用云计算、模糊识别等各种智能技术，对海量的实时数据和信息进行分析处理，提升对装配式建筑内各种设备设施和人员活动情况及活动趋势的洞察力，实现智能化的决策和控制[86]。在此基础上，运维部门还可以用更加精细和动态的方式去识别和规避风险，提高资源利用率和工作效率，改善建筑的安全状态。

建筑的突发事件包括地震、火灾、暴恐袭击和突发公共卫生等异常情况。应对这些情况往往需要多方面协同配合，如某住宅内出现火灾，则需要火灾报警、消防救援、行车调度、人员疏散等一系列的应急系统进行配合联动，如果这些系统没有统一的平台进行管理,那么其各自的效能将不能充分发挥。而当把这些管理系统接入到 BIM 运维管理系统后,不仅使运维人员可以直观地查看建筑内发生火灾的部位,并将各个系统的信息进行汇总,利用云计算等智能技术自动调整建筑各部位的设备状态参数,自动规划最佳路径引导人员疏散,同时还可以为救援力量提供可视化的建筑状态信息,缩短救援准备时间。

7.4　基于 BIM 的装配式建筑拆除报废阶段应用

目前国内 BIM 技术和 PC 建筑总体上还处于起步阶段,针对 BIM 技术在 PC 建筑中的应用研究,也都主要集中在设计、施工和运营维护阶段,而忽略掉了最后的拆除阶段。随着环境可持续发展意识的提高,与施工和拆除相关的废物管理的发展也随之变得重要。将 BIM 资源利用至最大化,充分发挥已建 BIM 模型带来的优势,则会给拆除工作带来诸多便利,模拟优化拆除方案,方便管理,提高拆除效率,可以实现相对安全、环保、经济的拆除作业。

7.4.1　PC 构件耐久性评估

PC 构件耐久性评估,是根据 PC 构件安全性和适用性的要求,对 PC 构件耐久性等级进行评定,并对使用寿命进行预测。基于 PC 建筑系统化、专业化、灵活化的设计施工,在拆除过程中就增加了其构件材料再利用的可能。

PC 构件耐久性评估通过无线射频识别(RFID)技术和 BIM 模型查找耐久性信息,带入到构建的 PC 构件耐久性评估模型,根据评估结果判断其剩余可利用价值。首先,运用 RFID 技术采集与构件有关的信息。在预制构件制作时,对每一个构件进行编码,并将包含构件几何尺寸、材料配筋、安装位置、维修记录等构件相关信息的 RFID 标签芯片植入构件内部,由 RFID 读写器扫描读取后将相关信息传输至 BIM 模型中。在建筑拆除之前,对 RFID 标签中的数据信息进行扫描读取,通过无线网络将该构件 ID 传回 BIM 模型中,查阅具体信息,用以构件评估信息的采集。随后,参考《混凝土结构耐久性评定标准》(CECS 220—2007)中的影响因素,总结归纳并进行相关性分析,提取各因素可量化的信息,运用相似匹配算法进行拟合得到相关数据,并选取钢筋锈蚀、氯盐侵蚀、冻融循环和碱-集料反应作为主要评估指标,如图 7-5 所示,采用模糊综合评判方法建立起 PC 构件耐久性评估模型,并借助于 IFC 标准与 BIM 模型实现信息交互,得到评估结果。最后根据评估结果,判断其剩余可利用

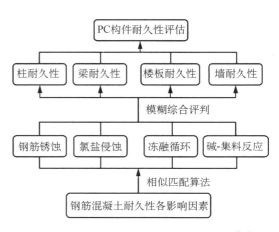

图 7-5　PC 构件耐久性评估模型的建立[87]

价值,制定不同的处理方法,以此在 BIM 模型中进行区别显示,方便以后可以在三维模型中直观地查看评估结果[87]。可以通过 BIM 模型筛选出有回收使用价值的构件材料进行再开发、二次利用,从而实现建筑资源的优化配置,减少对环境的影响,促进绿色发展[88]。

7.4.2　拆除方案的制定

方案决策前,最重要的是做好技术准备,充分了解拆除工程的详细情况。拆除人员通过 BIM 模型,查阅工程特点、平立面尺寸、隐蔽工程资料、施工过程记录信息、结构设计使用年限、设备的规格型号、供应商及安装、使用情况等相关资料。借助 BIM 模型可模拟化,模拟出当时建造的全过程和施工工艺,尤其对较为复杂、技术难度较大的结构形式进行全尺寸三维展示,让决策者直观、形象地了解建筑物的整体架构,发现结构体系中的关键部位和施工操作的难点,记录拆除过程中可能会遇到的各种问题以及需要留意的地方。联系之前 PC 构件评估结果,安排合适的拆除顺序,制订好预拆除建筑各部分的拆除计划和进度计划。必要时进行现场勘察,编制有针对性的可行性施工组织设计方案。

由于现代建筑工程项目的结构非常复杂,因此在拆除过程中任务也十分艰巨。如果采用单一的拆除方法,也就是所谓的机械为主、人工为辅,不仅需要协调好现场的施工顺序、合作流程,还要做好占地规划等。将 BIM 技术应用到实际拆除现场中,就可以提高现场拆除效率,提高管理能力,解决多种问题。BIM 技术的应用,可以帮助方案制定人员完整、准确地了解装配式建筑中各个构件的基本信息,并以此来进一步保证所制定拆除方案的合理性与科学性。

7.4.3　环境影响评估

众所周知,在拆除装配式建筑过程中,难免会对拆除作业区附近环境造成不同程度的影响。因此,通过利用 BIM 技术中的仿真模拟功能,结合 GIS 对建筑外环境的空间管理,对拆除建筑及周围环境的数据信息进行整合,快速生成拆除建筑内部环境和周围外部环境模型,随后对拆除过程进行模拟,对所产生的粉尘情况进行分析[89]。随后,相关人员可根据分析结果来对拆除方案进行优化,同时制定出更为有效的粉尘防范措施,进一步控制粉尘的浓度,最大限度地减少拆除作业对周边环境的影响。

通过 BIM 结合相关专业软件应用,可以进行建筑的热工分析、照明分析、自然通风模拟、太阳辐射分析等,为环境影响评估提供定量分析的数据[90]。建设项目的环境评价主要包含以下几个方面:

1) 日照与遮挡分析

利用日照模拟软件进行三维日照分析并生成日照计算系统,通过该系统可以直接生成三维空间中任意一点被遮挡的情况。日照计算系统直接计算出任意一点在给定时刻的太阳高度角、太阳方位角、太阳赤纬角、当天日照时间、全年日照时间以及年平均日照时间等,这不仅能够精确地使设计的建筑日照间距满足规定要求,还能进行遮挡分析及遮阳构件的优化。

2）声分析

通过对声波线和粒子进行可视化分析，从而对整个建设项目进行声环境分析，为室内音质评价的综合分析提供数据基础。

3）热环境分析

利用热环境分析软件提供的逐时温度分析、逐时得热/失热分析、逐月不舒适度分析、温度分布分析、被动组分得热分析、逐月度日分析、全年负荷分析、能耗分析、空间舒适度分析等可对建设项目前期的能耗做大致的分析。

4）光环境分析

利用光环境分析软件能够进行自然采光分析和人工照明分析。自然采光分析能够模拟某时刻室内空间工作面上的自然采光照度，并与规范规定值进行比较分析，判断是否能满足要求。人工照明分析主要是为了获得良好的光照环境和将照明能耗降到最低。

BIM 可持续（绿色）分析软件可以使用 BIM 模型的信息对项目进行日照、风环境、热工、景观可视度、噪声等方面进行分析，主要软件有国外的 Echotect、IES、Green Building Studio 以及国内的 PKPM 等。这几种软件的对比如表 7-4 所示。

表 7-4 **BIM 环评工具及其对比**[91]

软件	开发公司	简介	功能与不足
Ecotect	Autodesk	从概念设计到详细设计环节的建筑可持续设计及分析工具，可在建筑初步设计阶段反馈直观的数据和表，便于设计师从早期进行控制	功能：热工性能及能耗模拟、建筑通风分析、光环境分析、日照和遮挡分析、声环境分析、建筑造价分析。 不足：分析过程不透明，不对有误的 XML 文件进行检查，分析时间较长
Green Building Studio	Autodesk	基于 Web 服务的建筑性能分析工具	功能：热环境、光环境、碳排放、造价等多方面分析，提供 LEED 日照评分，应用基于 Web，相对于个人电脑计算速度非常快。 不足：运行大型文件程序不稳定，无法设置详细的分析条件（仅提供了大概的分析设置），需要网络连接
IES＜VE＞	IES	通过建立一个三维模型来进行各种建筑功能分析，减少了重复建模的工作，保证了数据的准确和工作的快捷	功能：采暖、制冷负荷、建筑空调系统模拟，日照分析，运行费用分析等多项建筑性能分析，有组织性的输出文件集成生命周期造价分析，提供 LEED 日照评分。 不足：不同分析方法间结论不一致，模型查看功能薄弱
PKPM	中国建筑科学研究院	与国内现行的建筑节能设计规范联系紧密	功能：集建筑、结构、设备（给排水、采暖、通风空调、电气）设计于一体。 不足：软件功能有限、建筑物信息模型太粗糙，导致其分析计算结果与现实建筑实际能耗存在较大差异

在建筑寿命末期的拆迁阶段,通过基于 BIM 数据库的可视化工具能够识别施工和拆除中的废物垃圾。这些数据可以让实践者在进行实际的拆迁或更新之前制定更加合理和有效的物料回收计划。同时基于 BIM 技术可以建立能够提取建筑信息模型中每个选定元素的体积和材料的系统,该系统可以包含详细的废物垃圾信息。这些信息可用于预测所需卡车的数量、运输行程和法定废物垃圾的处理费用,同时也可以用于评估各种建筑物解构方案在经济成本和环境效益方面的影响,比如最小化碳排放和能源消耗方面的影响。

7.5 本章小结

本章聚焦于装配式建筑运维阶段,主要指出了 BIM 技术在装配式建筑运维阶段的应用价值,阐述基于 BIM 技术的装配式建筑运维管理系统,包括其构建与功能分析,最后介绍了 BIM 技术在装配式建筑拆除报废阶段的应用,表明 BIM 技术能够很好地服务于装配式运维和拆除报废阶段,充分发挥其在建筑上可持续的特性。

第二部分

实 操 篇

施工图设计阶段 BIM 建模标准
——以 Revit 为例

施工图设计成果主要用于施工阶段的深化,并指导施工,这就要求设计交付图纸要达到制图标准,同时还需要进行专业间的综合协调,检查是否因为设计的错误造成无法施工的情况。因此,本章基于上述需求,将重点介绍全专业施工图(含建筑、结构、机电、精装修)以及 PC 构件拆分设计全面详细的建模标准和模型设计检查操作。

8.1 建筑专业施工图 BIM 建模标准

1)项目基准点设置

在多个三维设计或 BIM 设计软件进行协同设计时,各专业、各阶段设计文件之间的需要参考,位置的确定尤其重要。每个三维设计或 BIM 设计软件的视口中都有一个原点,此点的坐标为 $X=0$、$Y=0$、$Z=0$,通常将轴网的 A 轴和 1 轴的交点与此点对齐,保证各设计文件的准确定位。如图 8-1 所示。

2)绘制墙体构件

墙体要按照"定位线:核心层中心线"沿轴网 `定位线: 核心层中心线 ∨` 或参照平面绘制。

本项目施工图设计阶段,通常墙厚设为 200 mm,PC 深化设计阶段外墙全部预制,其厚度为 290 mm。按"定位线:墙中心线"绘制的 200 mm 的墙体,再为其添加面层,变成 290 mm 时,墙体会以轴网为中心线向两边平均分布厚度。Revit 软件中的核心层即结构层,采用"定位线:核心层中心线"绘制的墙体则会保持结构层与轴网的位置关系。二者区别如图 8-2 所示。

墙体上的门窗洞口应使用"编辑轮廓"工具创建 ,不能用"墙洞口"工具 。

在 Revit 软件中,不需要为墙体上的门窗洞口单独开洞,而是由门窗在自动放置后自动开洞。门窗插入墙体开洞或使用"墙洞口"工具开洞,其原理都是用空心模型剪切实心模型。在 PC 深化设计阶段,通常是用内建模型或族来创建 PC 外墙模型,标准墙体则无法使用,门窗的主体是标准墙体,门窗会丢失,则洞口也会丢失。强烈要求使用"编辑轮廓"工具创建墙体门窗洞口。

门窗应做独立的构件旋转放置在墙体上的洞口中,而非直接插入。

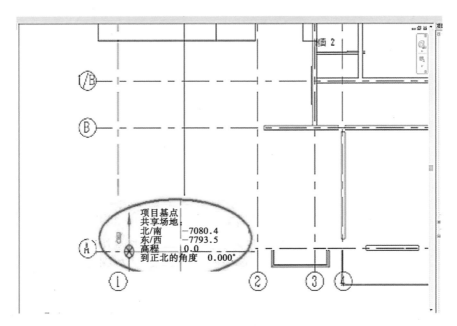

图 8-1　原点(项目基点)位置与值

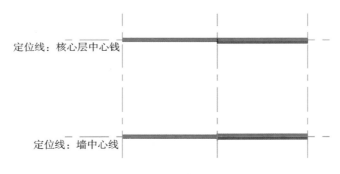

图 8-2　绘制墙体轴网

在 PC 深化设计阶段,通常是用内建模型或族来创建 PC 外墙模型,标准墙体则无法使用,门窗的主体是标准墙体,门窗会丢失,会造成后期的大量重复建模。如图 8-3 所示。

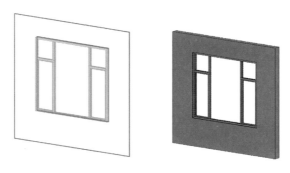

图 8-3　窗构件放置在墙体上

8.2 结构专业施工图 BIM 建模标准

1）柱与柱之间的墙体和梁要按照柱边到柱边绘制

在 Revit 软件中,在绘制柱与柱间的墙体时,通常是捕捉柱中心进行,然后软件会自动进行扣剪。但在将 Revit 的结构模型导入 ProStructures 软件中时,原来扣剪的部分则会重新出现,将给模型处理带来不小的工作量。如图 8-4 所示。

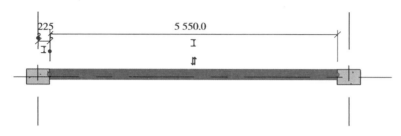

图 8-4 柱边到柱边绘制结构墙、梁构件(单位:mm)

2）异形结构柱采用矩形结构柱拼装方式创建

本项目的现浇结构构件需要导入 ProStructures 软件中创建钢筋模型,ProStructures 软件仅支持对矩形截面结构柱配筋。所以,在 Revit 软件中创建异形截面的结构柱时要采用矩形结构柱拼装的方式创建。如图 8-5、图 8-6 所示。

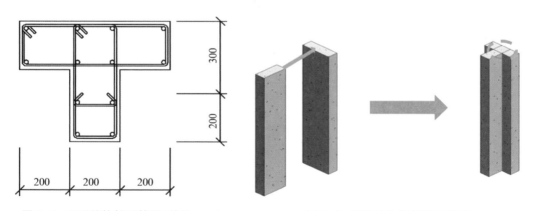

图 8-5 T 形结构柱配筋图(单位:mm)　　　　图 8-6 T 形结构柱拼装示意图

8.3 机电专业施工图 BIM 建模标准

1）暖通专业施工图 BIM 建模标准

（1）暖通专业在施工图阶段要创建施工图级别的设备、管道、末端等 BIM 模型。

（2）二维施工图图纸结构楼板厚度一般为 100 mm,本项目楼板为 60 mm 厚 PC 楼板＋80 mm 现浇楼板,所以需要与贴板对齐暖通管道或设备,要依据 140 mm 厚度的楼板创建。

2)给排水专业施工图 BIM 建模标准

(1)给排水专业在施工图阶段要创建施工图级别的设备、管道、末端等 BIM 模型。

(2)二维施工图图纸结构楼板厚度一般为 100 mm,本项目楼板为 60 mm 厚 PC 楼板＋80 mm 现浇楼板,所以需要与贴板对齐给排水专业管道或设备,要依据 140 mm 厚度的楼板创建。

3)电气专业施工图 BIM 建模标准

(1)电气专业在施工图阶段要创建施工图级别的设备、桥架、线管、末端等 BIM 模型;PC 楼板上部的电箱设计或线管的排布不合理,极可能造成现浇混凝土无法完全覆盖线管;部分 PC 墙板也需要预埋线管,为保证线管现场施工质量和效率,强烈要求创建线管BIM 模型(图 8-7)。

(2)二维施工图图纸结构楼板厚度一般为 100 mm,本项目楼板为 60 mm 厚 PC 楼板＋80 mm 现浇楼板,所以需要与贴板对齐电气专业桥架或设备,要依据 140 mm 厚度的楼板创建。

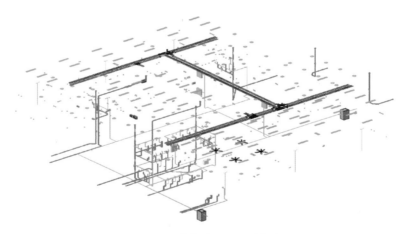

图 8-7　电气专业 BIM 模型

8.4　精装修专业施工图 BIM 建模标准

(1)精装修专业需要前置,与 PC 构件深化设计同步,需要完成全部地面、墙面、顶面、软装等专项 BIM 模型。

(2)本项目是装配式建筑展览馆,对智能化设计要求也较高,需要创建全部的智能化专业 BIM 模型。

(3)精装修和智能化专业 BIM 模型,如图 8-8、图 8-9 所示。

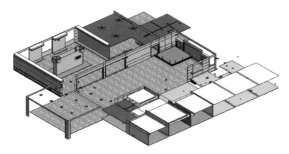

图 8-8 一层精装修 BIM 模型轴测图

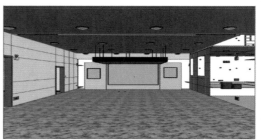

图 8-9 大堂精装修 BIM 模型透视图

8.5 PC 构件拆分设计 BIM 建模标准

（1）专业 PC 拆分设计软件或插件 BIM 建模标准

国内的盈建科软件股份有限公司（YJK）和 PKPM 公司都开发了装配式建筑设计软件，拥有 PC 构件拆分设计、装配式结构计算等功能，可以快速选择结构构件将其转换为 PC 构件施工图模型，并统计预制率或预制装配率；也有一些基于 Autodesk Revit 软件开发的装配式建筑设计插件，也具备同样的功能。PC 构件施工图模型创建后，需要将其从主体文件中分离，成为独立的设计文件，方便后续 PC 构件加工设计。其步骤如下：

① 选中 PC 构件施工图模型，使用"创建组"工具[图]创建模型组；

② 选中 PC 构件模型组，使用"链接"工具[图]；

③ 在弹出的"转换为链接"对话框中，选择"替换为新的项目文件"。如图 8-10 所示。

图 8-10 转换为链接

在弹出的"保存组"对话框中，选择合适路径，输入文件名，完成 PC 构件设计文件创建。如图 8-11 所示。

（2）无专业 PC 构件拆分设计软件或插件，直接通过 Autodesk Revit 软件创建 PC 构

图 8-11　保存组

件设计文件,其步骤如下:

①　如果柱、墙或梁构件过长,需要使用"拆分图元" 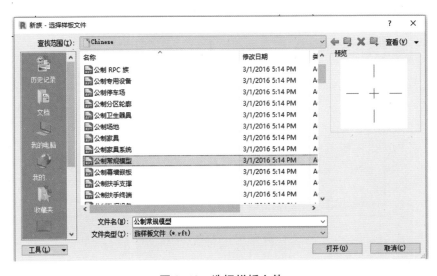工具拆分构件;

②　重复专业 PC 拆分的步骤。

③　如果是楼梯、楼板或阳台过大,则需要根据实际尺寸,重新创建,再重复专业 PC 拆分的步骤。

(3)　根据已有的二维 PC 构件施工图进行翻模,则选择"公制常规模型",新建 PC 构件族,创建 PC 构件施工图模型,并将其链接到主体模型中。如图 8-12 所示。

图 8-12　选择样板文件

8.6 施工图设计阶段全专业 BIM 模型设计检查

（1）新建空文件，使用"链接 Revit"工具  链接建筑、结构、机电、精装修、智能化和 PC 构件专业的施工图 BIM 模型，组装全专业 BIM 模型，如图 8-13 所示。

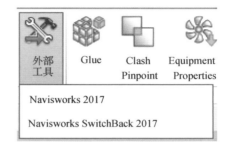

图 8-13　项目全专业 BIM 模型轴测图　　　　图 8-14　Revit 软件中的 Navisworks 输出接口

将项目全专业 BIM 模型输出到 Autodesk Navisworks Manage 2017 中进行设计检查：

① 在"附加模块"工具栏中的"外部工具"，先点击"Navisworks SwitchBack 2017"，再点击"Navisworks 2017"，如图 8-14 所示，将项目全专业 BIM 模型输出到 Navisworks Manage 2017 中（接口程序需要安装 Navisworks 2017 软件）。

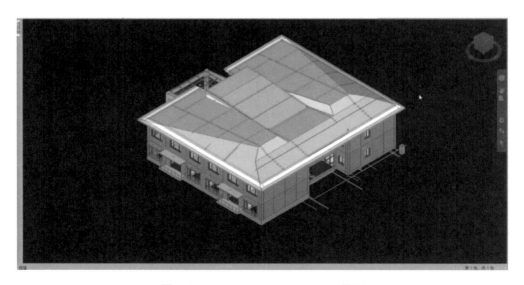

图 8-15　Navisworks Manage 2017 界面

② 在 Navisworks 软件中主要进行建筑与结构、建筑与机电、结构与机电、精装修与

结构、精装修与机电、PC 构件与结构、PC 构件与精装修等专业之间的碰撞检查。如图 8-16、图 8-17 所示。

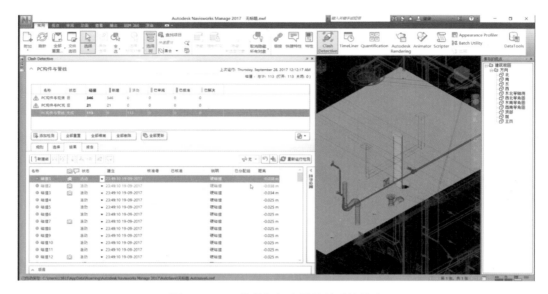

图 8-16　PC 构件与机电管线的碰撞检查

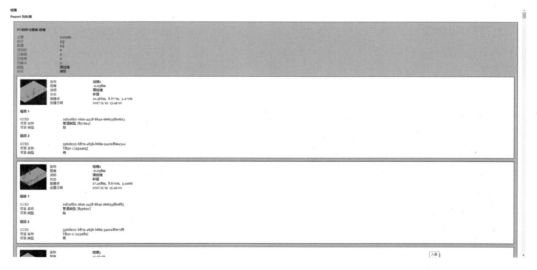

图 8-17　PC 构件与机电管线的碰撞检查 HTML 格式报告

8.7　本章小结

本章以 Revit 软件操作为例介绍了建筑、结构、机电、精装修等专业施工图及 PC 构件拆分设计的 BIM 建模标准,在一定程度上解决了专业内部及各专业间的协同问题,最后展示了施工图设计阶段全专业 BIM 模型设计检查的软件实际操作。

9 PC 构件加工设计阶段 BIM 建模标准

在完成装配式建筑施工图设计之后还需进行深化设计，PC 构件模型的加工设计是其中的重要一环。Autodesk Revit 软件作为国内目前用户最多、使用最广的 BIM 设计软件，在创建 PC 构件加工设计模型（除钢筋外）综合成本最低，适合大批量 PC 构件的创建，所以本章将介绍以 Revit 软件操作为主的 PC 构件加工设计流程和步骤。

9.1 PC 构件加工设计阶段 BIM 建模标准

1) 正向 PC 构件加工 BIM 设计

当 PC 构件施工图 BIM 模型成为独立的设计文件后，可采用内建模型的建模方法来创建 PC 构件加工设计模型。此方法最大的优势是保持 PC 构件与主体模型之间的位置关系，无须再次链接、对位。但由于目前的 PC 深化设计多数是由 Autodesk AutoCAD 软件绘制二维图纸，所以适用性不广。

2) 根据二维 PC 构件深化设计图纸创建 PC 构件加工设计模型

此种方式常用于对 PC 深化设计图纸的校核。根据已有的二维 PC 构件施工图进行翻模，则选择"公制常规模型"，新建 PC 构件族，创建 PC 构件施工图模型，并将其链接到主体模型中。如图 9-1 所示。

图 9-1 选择样板文件

创建 PC 构件加工设计族文件，有利于调动更多人员完成 PC 构件加工设计模型；其不利之处在于，需要链接到主体模型中进行对位。

PC 构件加工设计族文件的创建方法同常规族创建，掌握 Revit 软件基础建模技能即可完成。具体建模方法请参考相关教材。

为保证准确统计预埋件的工程量，强烈建议先单独创建每种预埋件族，再嵌套进 PC 构件主体模型中，如图 9-2 所示。

图 9-2　PC 外墙加工设计
　　　　BIM 模型轴测图

9.2　PC 构件预埋件统计

在 Autodesk Revit 软件中统计 PC 构件预埋件工程量。其步骤如下：

① 选择 PC 构件模型的中预埋件族，如灌浆套筒族，点击"编辑族"工具，打开灌浆套筒族文件。

② 在"属性"栏中的"共享"后点击复选框，如图 9-3 所示。

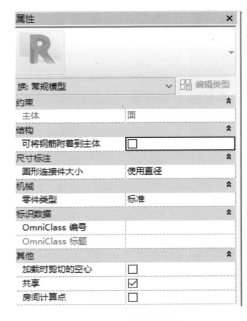

图 9-3　"属性"栏

图 9-4　新建建筑样板

③ 点击"载入到项目中"工具，回到 YWQ2 族文件中。

④ 选择"建筑样板"，新建 YWQ2_F1 项目文件。如图 9-4 所示。

⑤ 再回到YWQ2族文件中,点击"载入到项目中"工具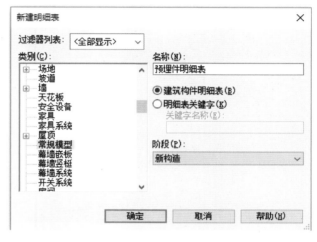,在弹出的"载入到项目中"对话框中,选择"YWQ2_F1.rvt"。如图9-5所示。

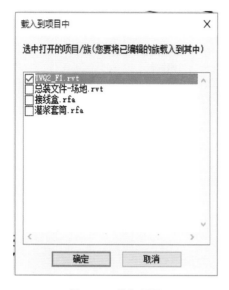

图9-5　载入项目

图9-6　新建明细表

⑥ 在"视图"选项卡中选择"明细"下拉列表中的"明细表/数量",在弹出的"新建明细表"对话框中进行如下设置,点击"确定"按钮。如图9-6所示。

⑦ 在弹出的"明细表属性"对话框中进行设置,点击"确定"按钮,完成PC构件明细表的创建。如图9-7所示。

⑧ 保持YWQ2预埋件明细表状态,点击下拉列表,选择"导出"列表中的"报告"列表中的"明细表",保存为".txt"文本文件。如图9-8、图9-9所示。

⑨ 在弹出的"导出明细表"对话框中保持默认选项,点击"确定"按钮。如图9-10所示。

⑩ 新建Excel空文件,打开"预埋件明细表"文件。如图9-11所示。

⑪ 按照图9-12、图9-13、图9-14所示进行设置,点击"完成"按钮,最终创建YWQ2预埋件Excel格式工程量文件,如图9-15所示。

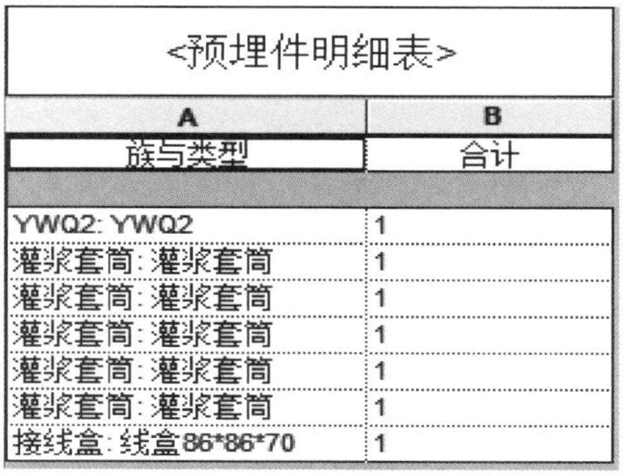

<预埋件明细表>	
A	**B**
族与类型	合计
YWQ2: YWQ2	1
灌浆套筒: 灌浆套筒	1
灌浆套筒: 灌浆套筒	1
灌浆套筒: 灌浆套筒	1
灌浆套筒: 灌浆套筒	1
灌浆套筒: 灌浆套筒	1
接线盒: 线盒86*86*70	1

图9-7　预埋件明细表

图 9-8　明细表导出工具

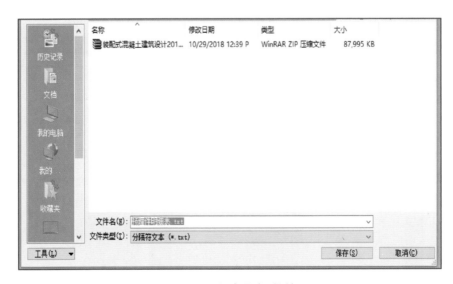

图 9-9　明细表导出对话框

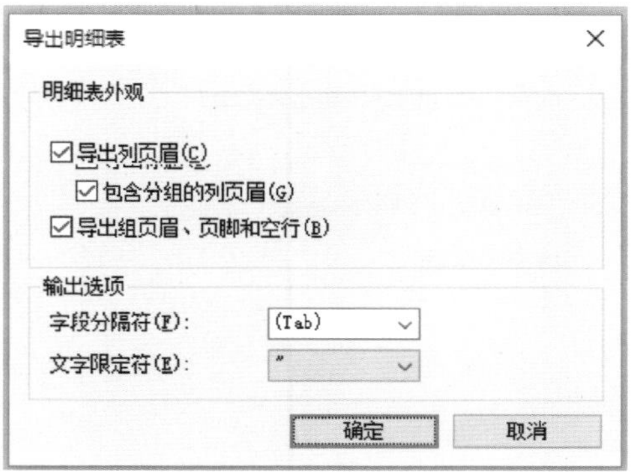

图 9-10　导出明细表

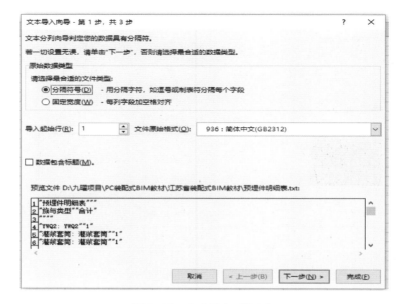

图 9-11　打开明细表

图 9-12　文本导入:第 1 步

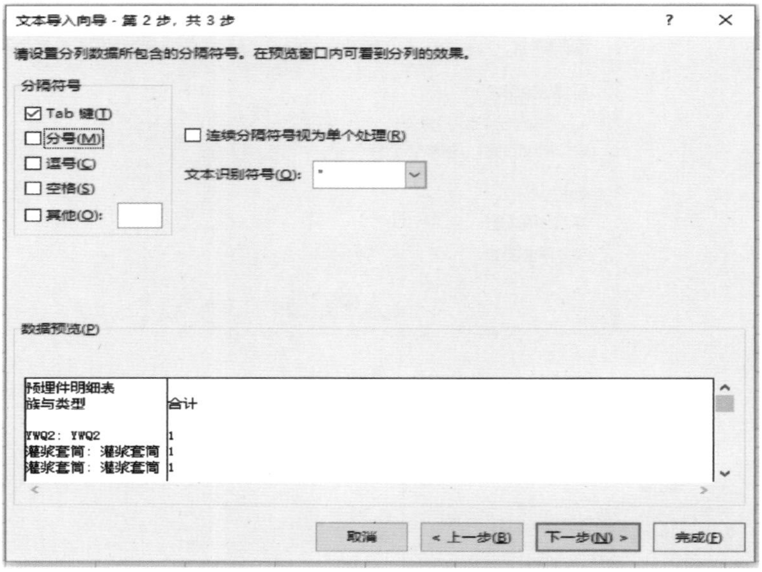

图 9-13　文本导入:第 2 步

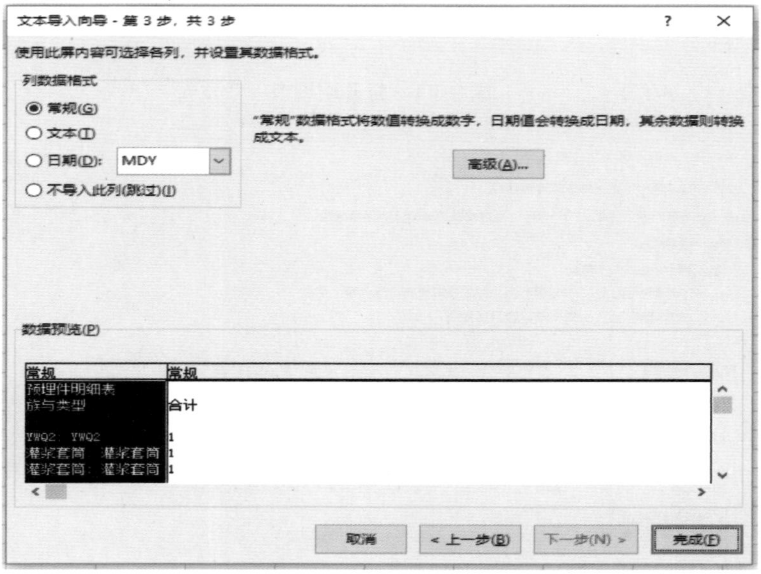

图 9-14　文本导入:第 3 步

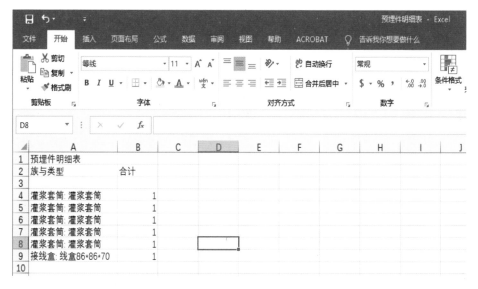

图 9-15　删除多余类别的 YWQ2 预埋件工程量清单

9.3　PC 构件加工设计阶段全专业 BIM 模型设计检查

新建空文件,使用"链接 Revit" 工具链接建筑、结构、机电、精装修、智能化和 PC 构件专业的加工设计 BIM 模型,组装全专业 BIM 模型,如图 9-16 所示。

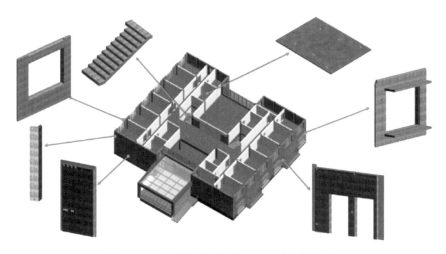

图 9-16　项目部分专业装配 BIM 模型轴测图

将项目全专业 BIM 模型输出到 Autodesk Navisworks Manage 2017 中进行设计检查:

① 在"附加模块"工具栏中的"外部工具",先点击"Navisworks SwitchBack 2017",再点击"Navisworks 2017",将项目全专业 BIM 模型输出到 Navisworks Manage 2017 中(接口程序需安装 Navisworks 2017)。

② 在 Navisworks 软件中主要进行建筑与结构、建筑与机电、结构与机电、精装修与结构、精装修与机电、PC 构件与结构、PC 构件与精装修等专业之间的碰撞检查,具体操作请参考相关教材。

9.4　本章小结

本章首先介绍了两种 PC 构件模型加工设计方式,即正向 PC 构件加工 BIM 设计和根据二维 PC 构件深化设计图纸创建 PC 构件加工设计模型,并重点介绍了依据二维图纸进行 PC 构件模型加工设计时的 BIM 建模标准。然后以"灌浆套筒族"为例演示 PC 构件预埋件统计的软件操作流程及此阶段全专业 BIM 模型设计检查的软件操作示范。

10 PC 构件加工设计 BIM 模型
——以 PC 楼板为例

在深化设计阶段,Autodesk Revit 软件解决了除钢筋模型以外的 PC 构件加工设计模型的创建,而 Bentley ProStructures 可以高效创建精确的钢结构、金属结构和钢筋混凝土结构三维模型,所以本章将介绍以 ProStructures 软件操作为主的 PC 楼板创建和三维钢筋建模。

10.1 创建 PC 楼板实体模型

创建 PC 楼板实体模型操作步骤如下:

① PC 楼板文件中"YB1-1"详图,如图 10-1～图 10-2 所示。

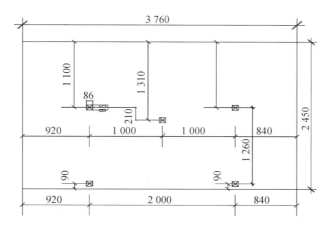

图 10-1 YB1-1 水电预埋图,黄色尺寸标注即真实尺寸标注(单位:mm)

水电预埋表				
序号	材料名称	规格	数量	备注
1	PVC	86 mm×86 mm×100 mm	5	加高型86线盒

图 10-2 YB1-1 水电预埋表

② 在"元素属性"工具栏中,将"DHGZS_PC_模型"图层设置为当前图层,其他按图 10-3 所示设置。

图 10-3 "元素属性"工具栏

③ 点击"绘图"任务栏中的"放置矩形"工具 ，确保捕捉工具栏中的"多重捕捉"为打开状态。如图 10-4 所示。

图 10-4 "放置矩形"工具

④鼠标捕捉原点位置，按 T 键切换到 T 工作平面；点击左键，创建第一个点，鼠标向右上方拖动（X 轴向），出现矩形图形。如图 10-5 所示。

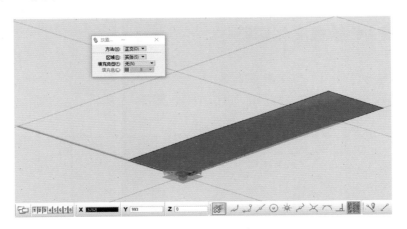

图 10-5 鼠标捕捉原点位置

⑤ 确认"精确绘图"参数的"X"参数栏处于激活状态，键入 3760。如图 10-6 所示。

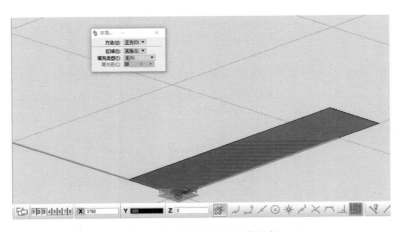

图 10-6 精确绘图"X"参数栏

⑥ 鼠标向右上方拖动（Y 轴向），确认"精确绘图"参数栏中的"Y"参数栏处于激活状态，键入 2450，点击左键完成矩形绘制。如图 10-7 所示。

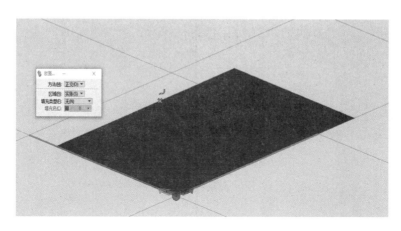

图 10-7　精确绘图"Y"参数栏

⑦ 在"元素属性"工具栏中，按图 10-8 所示进行设置。

图 10-8　"元素属性"工具栏

⑧ 点击"绘图"任务栏中的"放置矩形"工具□；在步骤⑥绘制的矩形附近任意处点击左键，创建第一个点，鼠标向右上方拖动（X 轴向），键入 86；鼠标向右上方拖动（Y 轴向），确认"精确绘图"栏中的"Y"参数栏处于激活状态，键入 86，点击左键完成矩形绘制。如图 10-9 所示。

图 10-9　"放置矩形"工具

⑨ 点击"选择元素"按钮，退出"放置矩形"操作。

⑩ 点击"移动"按钮，捕捉步骤⑧绘制的矩形的中心位置。如图 10-10 所示。

图 10-10 "移动"按钮

⑪ 点击"精确绘图"任一栏，激活精确绘图；捕捉图所示位置，按 O 键，设置移动的原点。如图 10-11 所示。

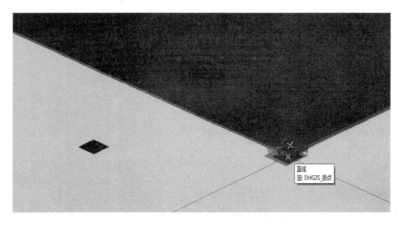

图 10-11 设置移动的原点

⑫ 鼠标向右上方拖动，偏向 X 轴，回车锁定 X 轴向；键入 920，再按 O 键。如图 10-12 所示。

⑬ 鼠标向左上方拖动，偏向 Y 轴，回车锁定 Y 轴向；键入 90，点击左键。如图 10-13 所示。

⑭ 点击"复制"按钮，捕捉步骤⑧绘制的矩形的中心位置。如图 10-14 所示。

⑮ 鼠标向右上方拖动，偏向 X 轴，回车锁定 X 轴向；键入 2000，点击左键，复制出一个新的矩形。如图 10-15 所示。

⑯ 点击"选择元素"按钮，退出"复制"操作。

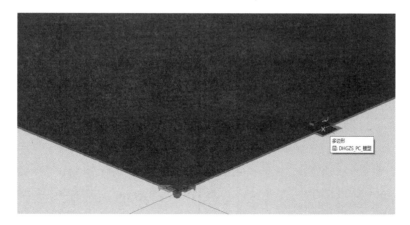

图 10-12　鼠标向右上方拖动

图 10-13　鼠标向左上方拖动

图 10-14　"复制"按钮

图 10-15　复制一个新的矩形

⑰ 同样方法,完成其他小矩形的创建。结果如图 10-16 所示。

图 10-16　完成其他小矩形的创建

⑱ 点击"主工具板"中的"组"工具条中的"开孔"按钮 。
如图 10-17 所示。

⑲ 先点击选择灰色矩形,再依次点击 5 个红色矩形,在视图空白处点击左键确认选择,再点击右键完成开孔操作。如图 10-18 所示。

⑳ 在开孔操作中必须依次选择全部的开孔图形,软件不支持二次开孔操作。

㉑ 点击"实体建模"任务栏中的"拉伸创建实体"按钮,点击步骤⑲开孔操作的图形;鼠标向下方拖动,回车锁定 X 轴向。如图 10-19 所示。

1　打散元素

2　创建复杂链

3　创建复杂多边形

4　创建区域

5　添加到图形组

6　打散图形组

7　开孔

添加工具条 '组'(O)

图 10-17　"开孔"按钮

图 10-18　完成开孔操作

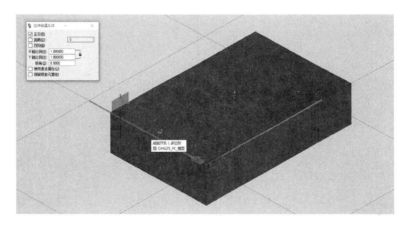

图 10-19　"拉伸创建实体"按钮

㉒ 确认"精确绘图"参数栏的中"X"参数处于激活状态,键入 60,点击左键完成拉伸。如图 10-20 所示。

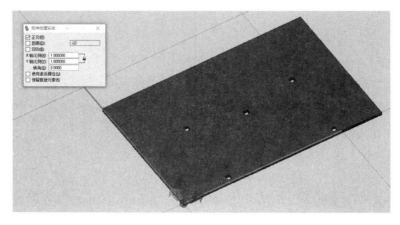

图 10-20　左键拉伸

119

㉓ 点击"选择元素"按钮退出"拉伸创建实体"操作。

㉔ 点击"实体建模"任务栏中的"边界倒角"按钮 ，在弹出的"边界倒角"对话框中按图10-21所示进行设置。

图 10-21 "边界倒角"按钮

㉕ 点击步骤㉒创建的实体模型的底面长边（1条），如图10-22所示。

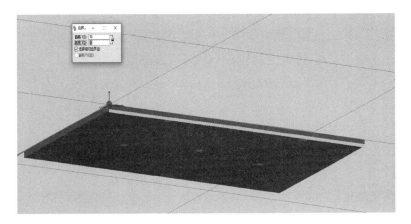

图 10-22 创建实体模型的底面长边

㉖ 再次点击左键创建倒角，创建结果如图10-23所示。

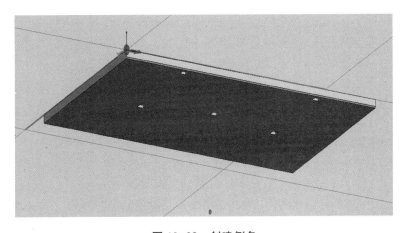

图 10-23 创建倒角

㉗ 点击"选择元素"按钮 ![](,退出"边界倒角"操作。

10.2 创建 PC 楼板钢筋 BIM 模型

（1）创建 PC 楼板混凝土构件

① 点击"ProConcrete"任务栏下的"ProConcrete 形体"按钮 ![]，点击 PC 楼梯实体模型，捕捉图所示位置，按 T 键切换至 T 工作平面。如图 10-24 所示。

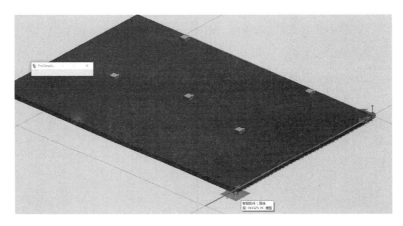

图 10-24　T 工作平面

② 鼠标偏向 X 轴，回车锁定 X 轴向，点击左键；鼠标偏向 Y 轴，回车锁定 Y 轴向，点击左键。转换结果如图 10-25 所示。

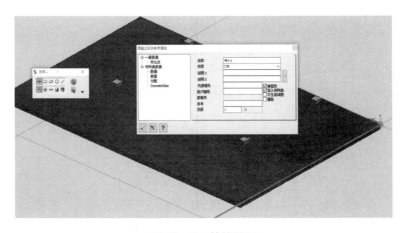

图 10-25　转换结果

③ 在弹出的"混凝土实体参考属性"栏中按图所示进行设置，点击 ![] 按钮完成转换。如图 10-26 所示。

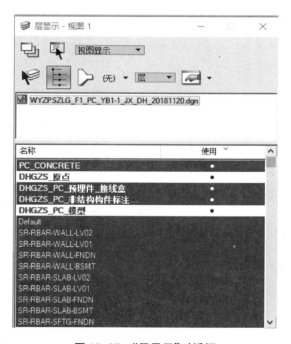

图 10-26　"混凝土实体参考属性"栏

备注：此混凝土楼板模型是基于 PC 楼板实体模型创建的，若要修改其形体，必须修改原始的实体模型；原始的 PC 楼板实体模型严禁删除，否则混凝土楼板模型将成为死模型，无法再进行形体的修改。

④ 键盘上按"Ctrl＋E"组合键或点击"层显示" 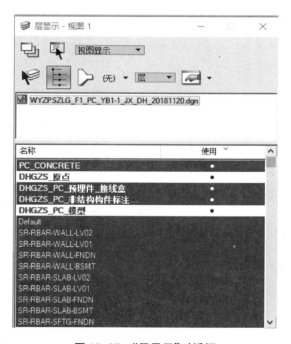 按钮，打开"层显示"对话框；双击"Default"图层将"0"图层设置为当前图层，隐藏如图 10-27 所示其他图层。

图 10-27　"层显示"对话框

⑤ 转换生成的混凝土楼板构件图层是"PC_CONCRETE"图层，如图 10-28 所示。

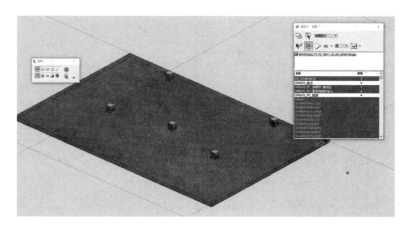

图 10-28 转换生成的混凝土楼板构件图层

⑥ 双击"Default"图层将"0"图层设置为当前图层;按图 10-29 所示设置其他图层的显示和隐藏。

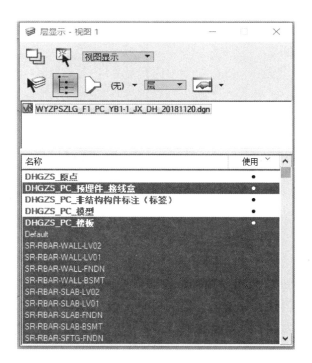

图 10-29 将"0"图层设置为当前图层

⑦ 点击"更改元素属性"按钮 ,在弹出的对话框中勾选"层",并在其下拉列表选择"DHGZS_PC_楼板"图层;勾选"颜色"点击下拉列表,在下拉菜单中点击"按层"按钮 按层(B),将当前图层颜色显示设置按图层管理器中的颜色(图层若设置了材质,则显示为材质)。如图 10-30 所示。

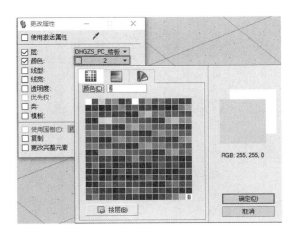

图 10-30　"更改元素属性"按钮

⑧ 点击视图中的 PC 楼板，完成图层属性的修改；点击视图工具栏中的"全景视图"按钮，最大化显示视图。结果如图 10-31 所示。

图 10-31　"全景视图"按钮

（2）创建 PC 楼板钢筋网片

① PC 楼板钢筋网片图纸如图 10-32、图 10-33、图 10-34 所示。

② 将"元素属性"栏中的当前图层设置为"DHGZS_PC_图形"，主要目的是将接下来要绘制的辅助图形自动归置在"DHGZS_PC_图形"图层。如图 10-35 所示。

③ 点击"绘图"任务栏中的"放置矩形"按钮，捕捉图所示位置，按 T 键。如图 10-36 所示。

④ 捕捉图所示位置，点击左键完成矩形绘制；点击"选择元素"按钮退出"放置矩形"操作。如图 10-37 所示。

⑤ 将当前视图显示样式设置为"线框"样式。

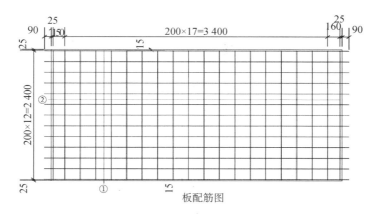

图 10-32　PC 楼板钢筋网片布置图(单位:mm)

1. 混凝土等级:C30 , 钢筋规格:Φ为HPB300 , 其余未标注为HRB400;

2. 如未特别注明, 楼板底筋保护层厚度为15 mm;

3. 叠合楼板预制与现浇结合面 (上表面) 不小于4 mm 粗糙度;板底筋伸出面为粗糙面, 粗糙度不应小于6 mm, ▽ C 表示粗糙面, △ M 表示模板面;

4. 如未特别注明, 所有钢筋端面、最外侧钢筋外缘距板边界20 mm ; 洞口加强筋均为Φ10, 若加强筋伸出板边, 则其伸出长度同板筋;

5. 楼板出厂前标记斜支撑定位点位置, 方便现场预埋;

6. 钢筋避让原则:

当钢筋网片与水电预留构件有干涉:

水电预留构件尺寸<150 mm时, 不另加筋, 板内钢筋从水电预留构件边绕过, 不得截断;

水电预留构件尺寸≥150 mm时, 钢筋截断, 水电预留构件边设加强筋, 见详图;

7. 图纸未做要求的其他预埋 (保温材料、门窗、线盒、线管等) 具体要求详见建筑施工图、结构施工图、水电施工图;

8. 如未特别注明, 钢筋标注尺寸均为钢筋外缘标注尺寸;

9. 一层楼板指一层顶板, 以此类推;

10. 图例说明: 桁架 ◇◇◇◇◇

图 10-33　PC 楼板加工图工艺技术说明

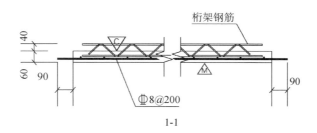

1-1

图 10-34　PC 楼板钢筋布置图剖面图(单位:mm)

图 10-35　"元素属性"栏

图 10-36　"放置矩形"按钮

图 10-37　"选择元素"按钮 1

⑥ 点击"ProConcrete"任务栏中的"添加钢筋网"按钮▦，在弹出的对话框中按图 10-38～图 10-42 所示设置。

⑦ 点击"选择混凝土/定义多义线"按钮▱，先点击选择 PC 楼板，再点击步骤④绘制的矩形。结果如图 10-43 所示。

⑧ 点击"ProConcrete 钢筋网"对话框中的"确定"按钮☑，完成 X 轴向钢筋网的创建。

⑨ 再次点击"ProConcrete"任务栏中的"添加钢筋网"按钮▦，在弹出的对话框中按图 10-44～图 10-48 所示设置。

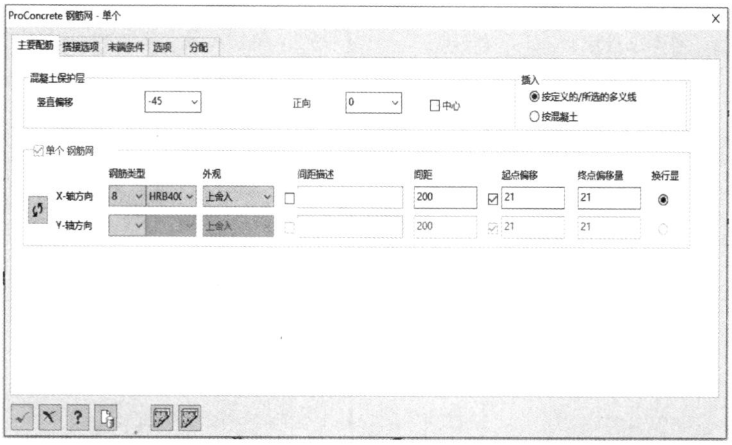

图 10-38 "主要配筋"选项卡参数设置,仅创建 X 轴向上的钢筋(伸出钢筋)

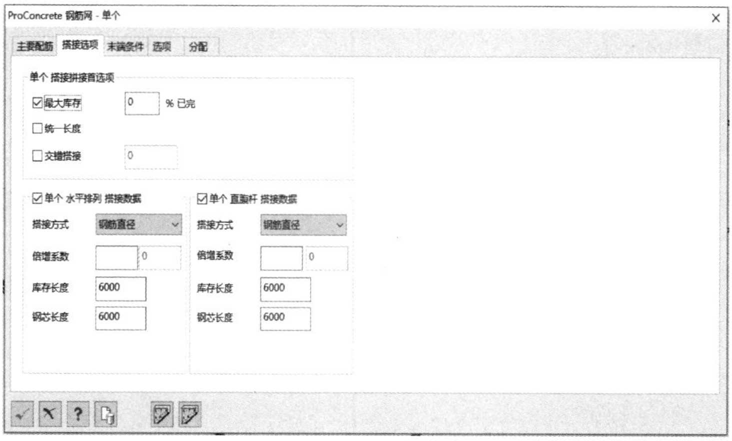

图 10-39 "搭接选项"选项卡参数默认设置保持不变

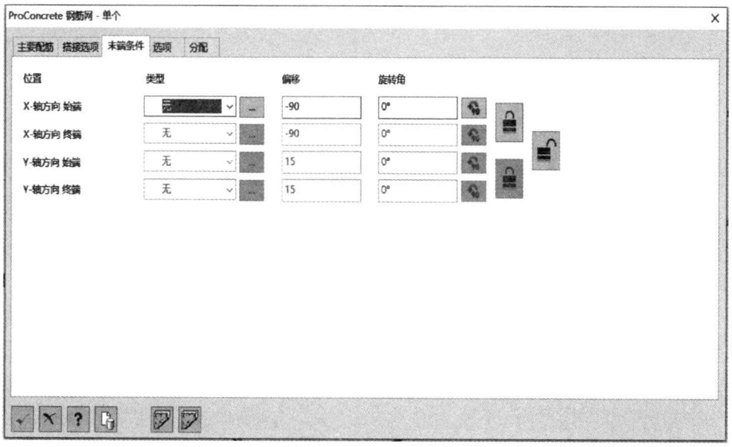

图 10-40 "末端条件"选项卡参数设置,设置 X 轴向钢筋伸出楼板的长度

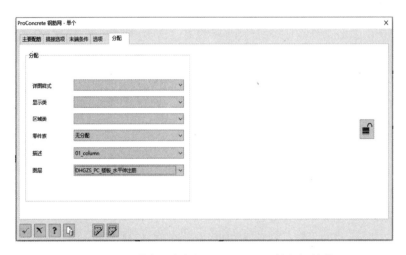

图 10-41　"选项"选项卡参数默认设置保持不变

图 10-42　"分配"选项卡参数设置,设置 X 轴向钢筋的图层

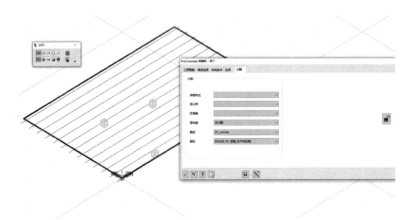

图 10-43　"选择混凝土/定义多义线"按钮

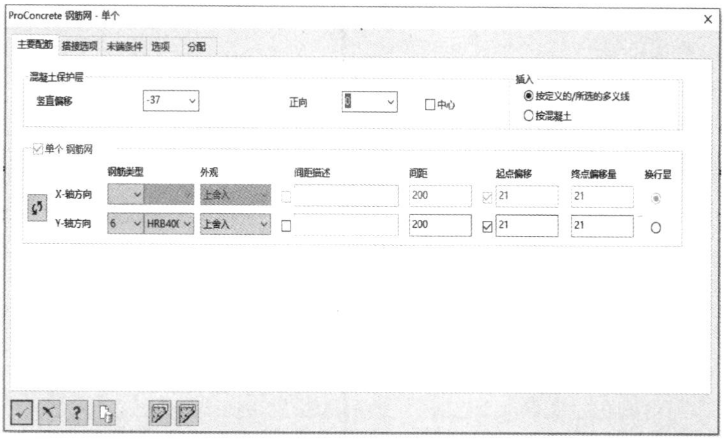

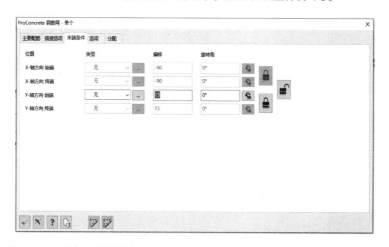

图 10-44 "主要配筋"选项卡参数设置,仅创建 Y 轴向上的钢筋,直接在
"竖直偏移"参数栏中输入 Y 轴向钢筋保护层厚度

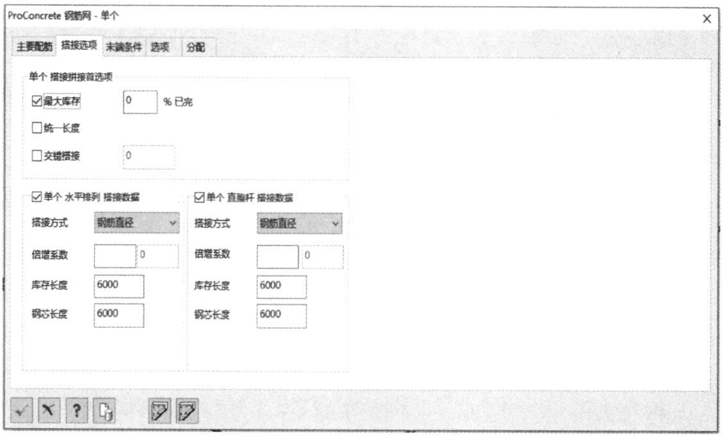

图 10-45 "搭接选项"选项卡参数默认设置保持不变

图 10-46 "末端条件"选项卡参数设置,设置 Y 轴向钢筋伸出楼板的长度

图 10-47　"选项"选项卡参数默认设置保持不变

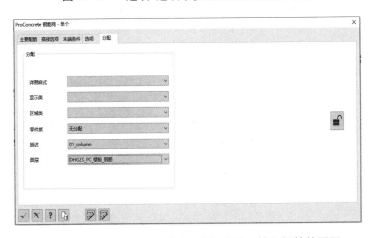

图 10-48　"分配"选项卡参数设置,设置 Y 轴向钢筋的图层

⑩ 点击"选择混凝土/定义多义线"按钮,先点击选择 PC 楼板,再点击步骤④绘制的矩形。结果如图 10-49 所示。

图 10-49　"选择混凝土/定义多义线"按钮

⑪ 点击"ProConcrete 钢筋网"对话框中的"确定"按钮 ☑ ,完成 X 轴向钢筋网的创建。

（3）创建预留洞口加强钢筋

① PC 楼板预留洞口加强钢筋图纸如图 10-50、图 10-51 所示。

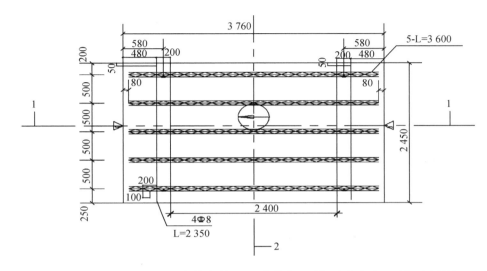

图 10-50 PC 楼板预留洞口加强钢筋布置图,图中黄色尺寸标注为真实尺寸标注(单位:mm)

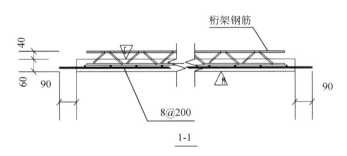

图 10-51 PC 楼板钢筋布置图剖面图(单位:mm)

② 点击"绘图"任务栏中的"放置智能线"按钮 🖉 ,点击"精确绘图"参数栏任一栏,捕捉图所示位置,按 O 键,再按 T 键。如图 10-52 所示。

③ 鼠标向右上方拖动,偏向 X 轴,回车锁定 X 轴向,键入 480,按 O 键。如图 10-53 所示。

④ 鼠标向右下方拖动,偏向 Y 轴,回车锁定 Y 轴向,键入 50,按 O 键。如图 10-54 所示。

⑤ 按 F 键,鼠标向右下方拖动,偏向 Y 轴,回车锁定 Y 轴向,键入 19,点击左键创建第 1 个点。如图 10-55 所示。

⑥ 按 T 键,鼠标向右下方拖动,偏向 Y 轴,回车锁定 Y 轴向。如图 10-56 所示。

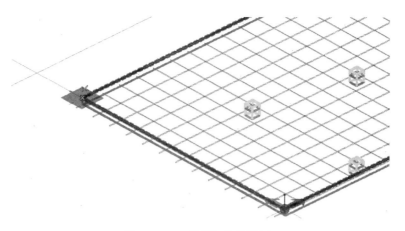

图 10-52 "放置智能线"按钮

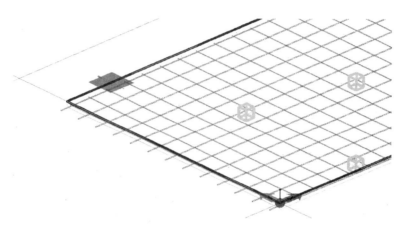

图 10-53 鼠标向右上方拖动

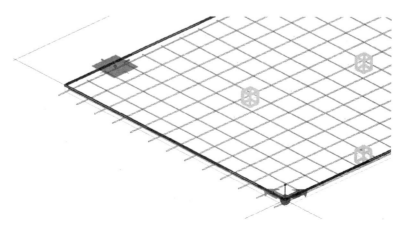

图 10-54 鼠标向右下方拖动

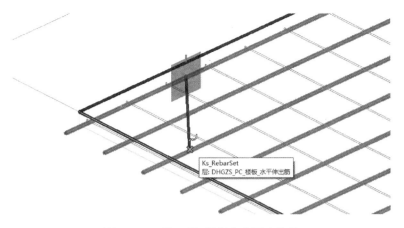

图 10-55　按 F 键,鼠标向右下方拖动

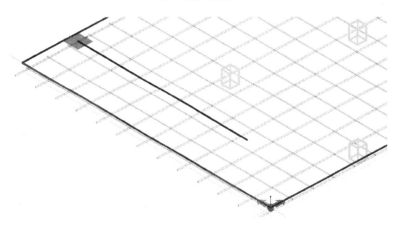

图 10-56　按 T 键,鼠标向右下方拖动

⑦ 键入 2350,点击左键,创建第 2 个点,单击左键,完成第 1 根加强钢筋形状的绘制。如图 10-57 所示。

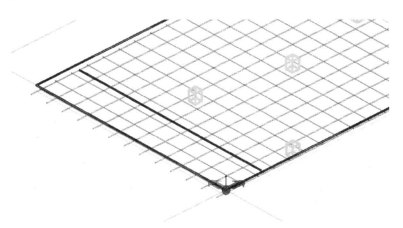

图 10-57　完成第 1 根加强钢筋形状的绘制

⑧ 选中步骤⑦绘制的图形，点击“主工具板”中的“复制”按钮，捕捉终点，按 T 键；鼠标向右上方拖动，偏向 X 轴，回车锁定 X 轴向。如图 10-58 所示。

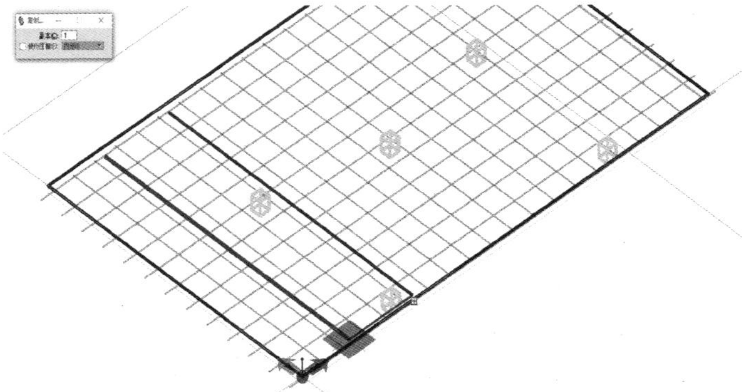

图 10-58 “复制”按钮

⑨ 键入 200，点击左键复制新的图形。如图 10-59 所示。

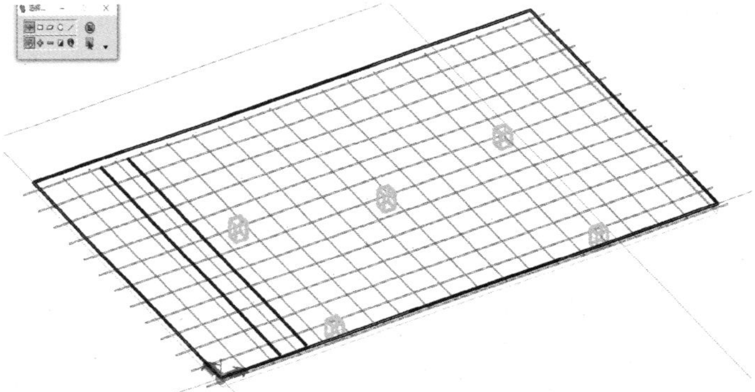

图 10-59 复制新的图形

⑩ 同样方法复制另外两个图形。结果如图 10-60 所示。

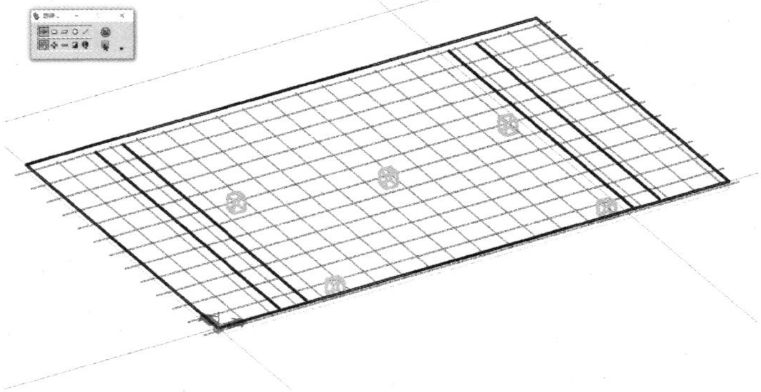

图 10-60 复制另外两个图形

⑪ 点击"ProConcrete"任务栏中的"向现有混凝土构件添加单个钢筋"按钮，在弹出的对话框中按图 10-61～图 10-64 所示设置。

图 10-61　"钢筋"选项卡参数设置

图 10-62　"末端条件"选项卡参数设置

图 10-63　"选项"选项卡参数默认设置
保持不变

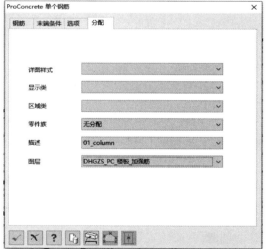

图 10-64　"分配"选项卡参数设置，设置
加强钢筋的图层

⑫ 点击"Select Concrete Element to Attach"按钮，点击选择 PC 楼板。"ProConcrete 单个钢筋"对话框底部按钮全部被激活。如图 10-65 所示。

⑬ 点击"Insert by Object"按钮，点击选择 PC 楼板，再依次点击四根加强钢筋形状图形。结果如图 10-66 所示。

图 10-65 "ProConcrete 单个钢筋"对话框

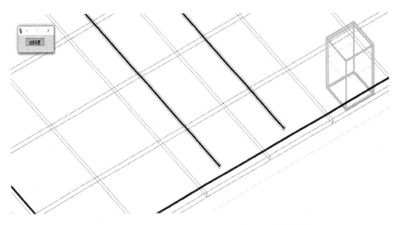

图 10-66 依次点击四根加强钢筋形状图形

⑭ 单击右键,再点击"ProConcrete 单个钢筋"对话框中的"确定"按钮 ✓ ,完成加强钢筋的创建。

(4) 导入桁架钢筋线架

① PC 楼板桁架钢筋图纸如所图 10-67～图 10-69 所示。

② 将"元素属性"栏中的当前图层设置为"DHGZS_PC_图形_桁架筋线架",其他参数按图 10-70 所示设置。

③ 在"文件"菜单选择"导入(I)"列表中的"CAD 文件⋯⋯"。

④ 在弹出的"输入"对话框中,在"查找范围(I)"对话框选择"WYZPSZLG_PC_桁架钢筋线架_DH_20181121"。如图 10-71 所示。

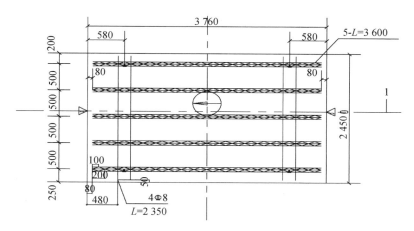

图 10-67　PC 楼板桁架钢筋布置图,图中黄色尺寸标注为真实尺寸标注(单位:mm)

1. 混凝土等级:C30,钢筋规格:Φ 为HPB300,其余未标注为HRB400;

2. 如未特别注明,楼板底筋保护层厚度为15 mm;

3. 叠合楼板预制与现绕结合面(上表面)不小于4 mm粗糙度;板底筋伸出面为粗糙面,粗糙度不应小于6 mm,▽表示粗糙面,△ 表示模板面;

4. 如未特别注明,所有钢筋端面、最外侧钢筋外缘距板边界20 mm;洞口加强筋均为Φ 10,若加强筋伸出板边,则其伸出长度同板底筋;

5. 楼板出厂前标记斜支撑定位点位置,方便现场预埋;

6. 钢路避让原则:

当钢筋网片与水电预留构件有干涉:

水电预留构件尺寸<150 mm时,不另加筋,板内钢筋从水电预留构件边绕过,不得截断;

水电预留构件尺寸≥150 mm时,钢筋截断,水电预留构件边设加强筋,见详图;

7. 图纸未做要求的其他预理(保温材料、门窗、线盒、线管等)具体要求详见建筑施工图、结构施工图、水电施工图;

8. 如未特别注明,钢筋标注尺寸均为钢筋外缘标注尺寸;

9. 一层楼板指一层顶板,以此类推;

10. 图例说明:桁架 ◇◇◇◇◇

图 10-68　PC 楼板加工图工艺技术说明

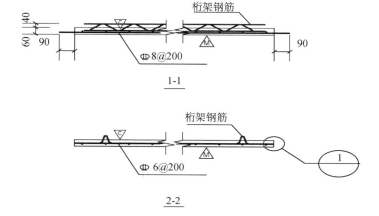

图 10-69　PC 楼板桁架钢筋布置图剖面图(单位:mm)

图 10-70　"元素属性"栏

图 10-71　选择"WYZPSZLG_PC_桁架钢筋线架_DH_20181121"

⑤ 点击"打开(O)"按钮,导入桁架钢筋线架;点击视图工具栏中的"全景视图"按钮 ⊞,最大化显示视图。如图 10-72 所示。

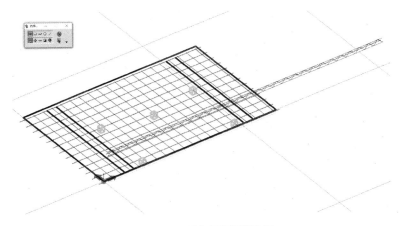

图 10-72　"全景视图"按钮

(5)布置桁架钢筋线架

① 点击"旋转视图"中的"顶视图"按钮 ⬡,切换到顶视图;选择导入的桁架钢筋线架,点击"主工具板"中的"移动"按钮 ⬚,单击"精确绘图"工具栏中任一参数栏,激活精确绘

图,左键单击图所示位置;再按 T 键切换至顶视图工作平面,如图 10-73 所示。

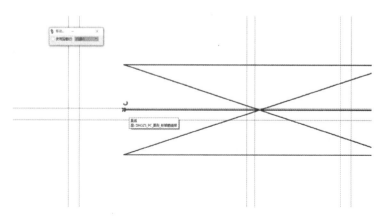

图 10-73 顶视图工作平面

② 鼠标向右下方拖动,偏向 Y 轴,按回车键锁定 Y 轴向,捕捉图 10-74 所示位置。

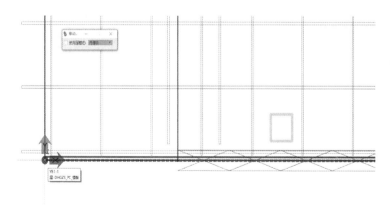

图 10-74 捕捉位置

③ 按 O 键,定义移动基准点,如图 10-75 所示。

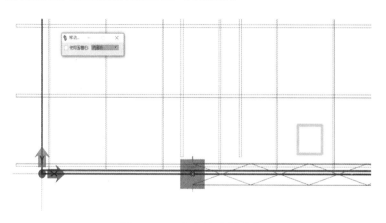

图 10-75 定义移动基准点

④ 鼠标向上方拖动,偏向 Y 轴,按回车键锁定 Y 轴向;键入 250,按 O 键。如图 10-76 所示。

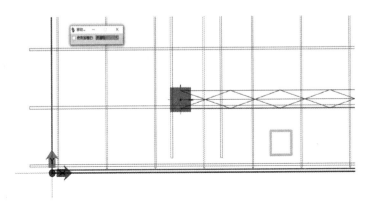

图 10-76　鼠标向上方拖动

⑤ 鼠标向左方拖动,偏向 X 轴,按回车键锁定 X 轴向,捕捉图 10-77 所示位置。

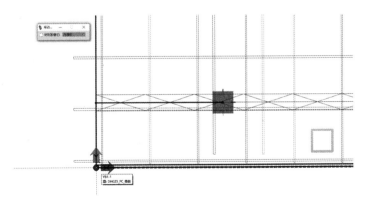

图 10-77　鼠标向左方拖动

⑥ 按 O 键,定义移动基准点,如图 10-78 所示。

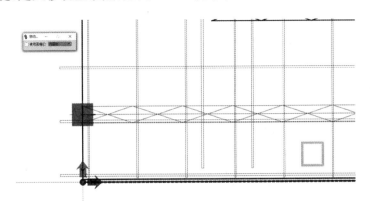

图 10-78　定义移动基准点

⑦ 鼠标向右拖动,偏向 X 轴,按回车键锁定 X 轴向;键入 80,单击左键,确定桁架钢筋线架平面位置;单击右键退出移动操作。如图 10-79 所示。

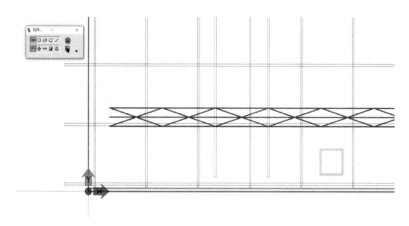

图 10-79　确定桁架钢筋线架平面位置

⑧ 按 Shift＋鼠标中键旋转视图到三维轴测视图;再次选择导入的桁架钢筋线架,点击"主工具板"中的"移动"按钮 ,左键单击图所示位置,再按 S 键切换至侧视图工作平面,如图 10-80 所示。

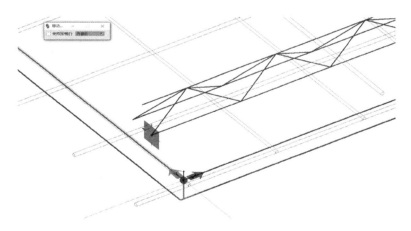

图 10-80　侧视图工作平面

⑨ 鼠标向下方拖动,偏向 Y 轴,按回车键锁定 Y 轴向;键入 33(楼板钢筋保护层厚度 15,加钢筋网厚度 14,再加桁架钢筋底部钢筋的半径 4),单击左键,确定桁架钢筋线架立面所在位置;单击右键,退出移动操作。如图 10-81 所示。

⑩ 选择导入的桁架钢筋线架,点击"主工具板"中的"复制"按钮 ,单击"精确绘图"工具栏中任一参数栏,激活精确绘图,左键单击图所示位置;再按 T 键切换至顶视图工作平面,如图 10-82 所示。

⑪ 在弹出的"复制"对话框中输入 4,复制四份桁架钢筋线架。如图 10-83 所示。

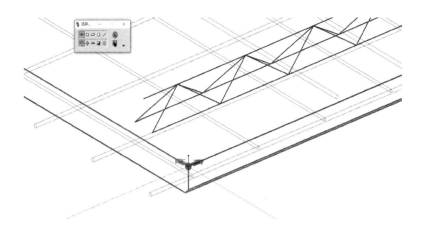

图 10-81　确定桁架钢筋线架立面所在位置

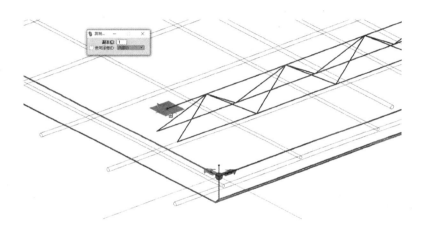

图 10-82　顶视图工作平面

图 10-83　复制 4 份桁架钢筋线架

⑫ 鼠标向右上方拖动,偏向 Y 轴,按回车键锁定 Y 轴向;键入 500,单击左键,完成复制;单击右键,退出复制操作。如图 10-84 所示。

⑬ 点击"实体建模"任务栏中的"提取面/提取边界"按钮。在弹出的"提取面/提取边界"对话框中按图 10-85 所示进行设置。

⑭ 点击如图 10-86 所示的 PC 楼板模型的边。

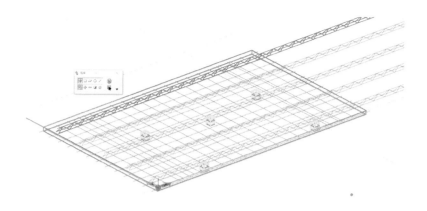

图 10-84　完成复制

图 10-85　"提取面/边界"按钮

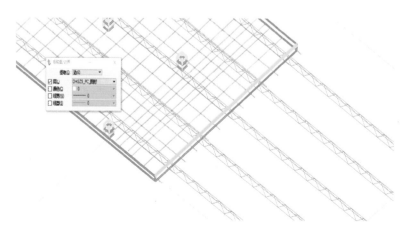

图 10-86　PC 楼板模型的边

⑮ 视图空白处单击左键完成边界提取。如图 10-87 所示。

⑯ 点击"主工具板"中的"平行移动"按钮，，，在弹出的"平行移动"对话框中按图 10-88 所示进行设置。

⑰ 点击步骤⑮创建线，按 T 键。如图 10-89 所示。

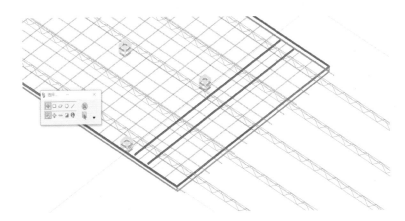

图 10-87　边界提取

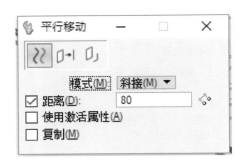

10-88　"平行移动"按钮

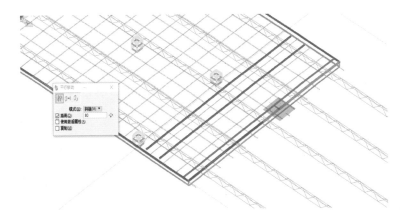

图 10-89　创建线

⑱ 鼠标向左前方拖动,偏向 Y 轴,单击左键,完成偏移操作;点击"选择元素"按钮 ，退出"平行移动"操作。如图 10-90 所示。

⑲ 点击"主工具板"中的"修改"工具组中的"修剪多个"按钮 ，。如图 10-91 所示。

⑳ 先点击步骤⑱偏移后的直线,按住左键拖动鼠标到另一点单击左键。如图 10-92 所示。

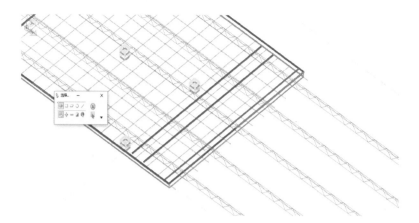

图 10-90 "平行移动"操作

图 10-91 "修剪多个"按钮

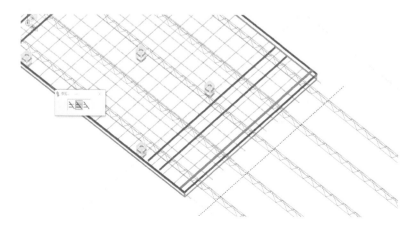

图 10-92 点击偏移后的直线

㉑ 单击左键,完成对桁架钢筋线架的修剪;点击"选择元素"按钮 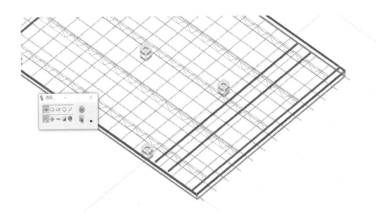,退出"平行移动"操作。如图 10-93 所示。

图 10-93　桁架钢筋线架修剪

㉒ 接下来创建桁架钢筋底部钢筋。

㉓ 点击"ProConcrete"任务栏中的"向现有混凝土构件添加单根钢筋"按钮 ,在弹出的"ProConcrete 单个钢筋"对话框中按图 10-94～图 10-97 所示进行设置。

图 10-94　"钢筋"选项卡设置

图 10-95　"末端条件"选项卡设置

㉔ 点击"ProConcrete 单个钢筋"对话框底部"Select Concrete Element to Attach"按钮 ,再点击选择 PC 楼板构件。如图 10-98 所示。

㉕ 点击"ProConcrete 单个钢筋"对话框底部"Insert By Object"按钮 ,依次点击选择桁架钢筋线架底部的直线(共 10 根)。单击左键,返回"ProConcrete 单个钢筋"对话框。钢筋创建结果如图 10-99 所示。

图 10-96 "选项"选项卡设置

图 10-97 "分配"选项卡设置

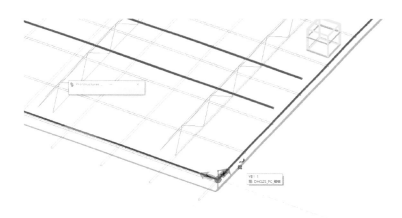

图 10-98 "Select Concrete Element to Attach"按钮

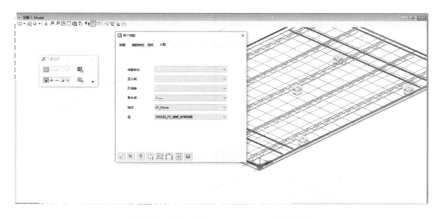

图 10-99 "Insert By Object"按钮

㉖ 点击"ProConcrete 单个钢筋"对话框底部"确定"按钮 ，完成桁架钢筋底部钢筋的创建。

㉗ 接下来创建桁架钢筋两侧钢筋。

㉘ 点击"ProConcrete"任务栏中的"向现有混凝土构件添加单根钢筋"按钮 ，在弹出的"ProConcrete 单个钢筋"对话框中的按图 10-100～图 10-103 所示进行设置。

图 10-100 "钢筋"选项卡设置

图 10-101 "末端条件"选项卡设置

图 10-102 "选项"选项卡设置

图 10-103 "分配"选项卡设置

㉙ 点击"ProConcrete 单个钢筋"对话框底部"Select Concrete Element to Attach"按钮 ，再点击选择 PC 楼板构件。如图 10-104 所示。

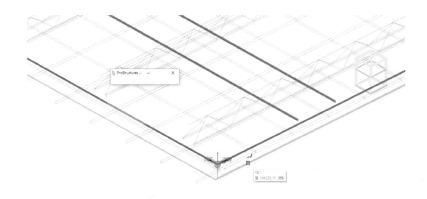

图 10-104 "Select Concrete Element to Attach"按钮

㉚ 点击"ProConcrete 单个钢筋"对话框底部"Insert By Object"按钮▣，依次点击选择桁架钢筋线架底部的直线（共 10 根）。单击左键，返回"ProConcrete 单个钢筋"对话框。钢筋创建结果如图 10-105 所示。

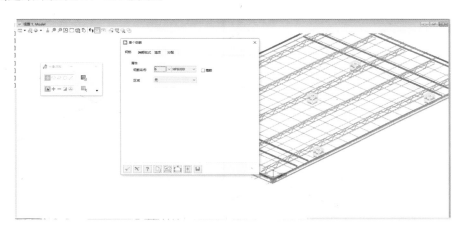

图 10-105 "Insert By Object"按钮

㉛ 点击"ProConcrete 单个钢筋"对话框底部"确定"按钮✓，完成桁架钢筋底部钢筋的创建。

㉜ 接下来创建桁架钢筋顶部钢筋。

㉝ 点击"ProConcrete"任务栏中的"向现有混凝土构件添加单根钢筋"按钮，在弹出的"ProConcrete 单个钢筋"对话框中的按图 10-106～图 10-109 所示进行设置。

㉞ 点击"ProConcrete 单个钢筋"对话框底部"Select Concrete Element to Attach"按钮，再点击选择 PC 楼板构件。如图 10-110 所示。

图 10-106 "钢筋"选项卡设置

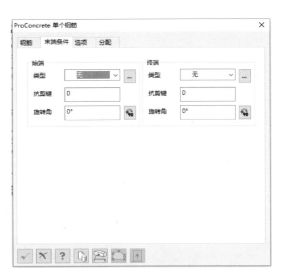

图 10-107 "末端条件"选项卡设置

图 10-108 "选项"选项卡设置

图 10-109 "分配"选项卡设置

㉟ 点击"ProConcrete 单个钢筋"对话框底部"Insert By Object"按钮 ✻，依次点击选择桁架钢筋线架底部的直线（共 5 根）。单击左键，返回"ProConcrete 单个钢筋"对话框。钢筋创建结果如图 10-111 所示。

㊱ 点击"ProConcrete 单个钢筋"对话框底部"确定"按钮 ✓，完成桁架钢筋底部钢筋的创建。

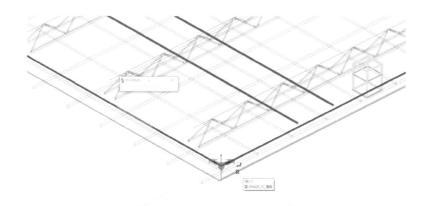

图 10-110 "Select Concrete Element to Attach"按钮

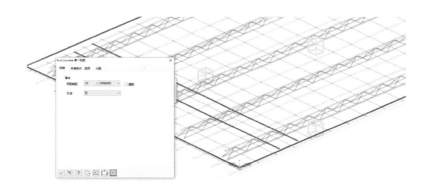

图 10-111 选择桁架钢筋线架底部的直线(共 5 根)

10.3 PC 楼板钢筋与预留孔、预埋件的碰撞检测

（1）碰撞检测准备

① 按 Ctrl+E 键打开或点击"层显示"按钮 ，在弹出的"层显示"对话框中，双击"Default"图层，按图所示隐藏图层。如图 10-112 所示。

② 点击"全景视图"按钮 ，最大化显示视图，视图中构件显示结果如图 10-113 所示。

（2）钢筋与钢筋、接线盒与钢筋的碰撞检测

① 在"工具"菜单中，点击"碰撞检测"列表中的"碰撞检测"工具。如图 10-114 所示。

② 在弹出"碰撞检测"对话框中点击"新建作业"按钮 。如图 10-115 所示。

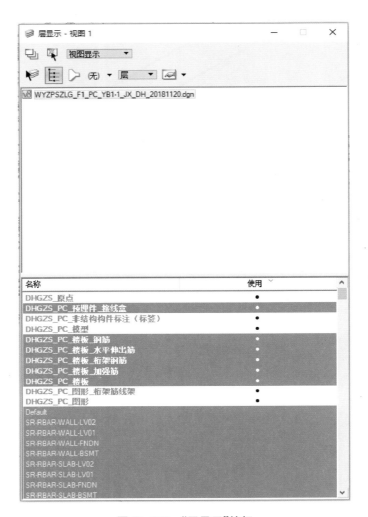

图 10-112 "层显示"按钮

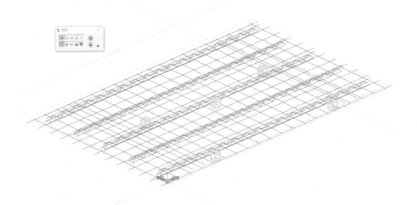

图 10-113 "全景视图"按钮

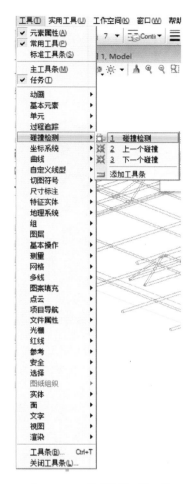

图 10-114　"碰撞检测"工具

图 10-115　"新建作业"按钮

③ 点击"新建作业"按钮 ，并命名为"桁架钢筋与钢筋网、加强钢筋"。如图 10-116 所示。

图 10-116　命名为"桁架钢筋与钢筋网、加强钢筋"

④ 按图 10-117 所示在"图层"列表中将"DHGZS_PC_楼板_伸出钢筋""DHGZS_PC_楼板_加强筋"和"DHGZS_PC_楼板_钢筋"图层拖到"A 组对象"；将"DHGZS_PC_楼板_桁架钢筋"图层拖动"B 组对象"。如图 10-117 所示。

图 10-117　"图层"列表

⑤ 点击"处理"按钮 ，弹出"碰撞检测进度"进度条。

⑥ 碰撞检测完成后自动跳到"结果"选项卡，发现有 40 处碰撞，主要是桁架钢筋与加强钢筋的碰撞。如图 10-118 所示。

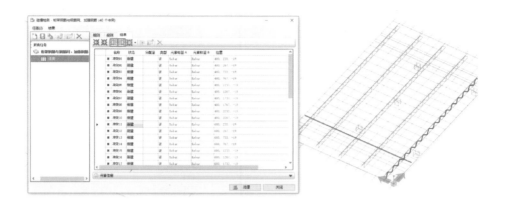

图 10-118　桁架钢筋与加强钢筋的碰撞

⑦ 点击"新建作业"按钮 ，并命名为"接线盒与钢筋"。如图 10-119 所示。

图 10-119　命名为"接线盒与钢筋"

⑧ 按图 10-120 所示在"图层"列表中将"DHGZS_PC_楼板_伸出钢筋""DHGZS_PC_楼板_加强筋""DHGZS_PC_楼板_钢筋"和"DHGZS_PC_楼板_桁架钢筋"图层拖到"A 组对象";将"DHGZS_PC_预埋件_接线盒"图层拖动"B 组对象"。如图 10-120 所示。

⑨ 点击"处理"按钮 ，弹出"碰撞检测进度"进度条。

⑩ 碰撞检测完成后自动跳到"结果"选项卡,发现有 2 处碰撞,主要是楼板钢筋与接线盒的碰撞。如图 10-121 所示。

⑪ 点击"碰撞检测"对话框底部的"关闭"按钮,在弹出的"碰撞检测警报"对话框中点击"是(Y)"按钮,保存并关闭"碰撞检测"对话框。

图 10-120 "图层"列表

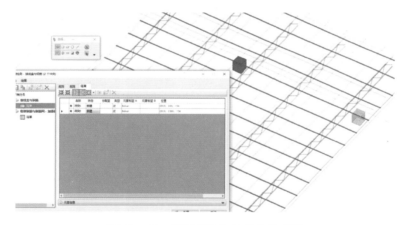

图 10-121 楼板钢筋与接线盒的碰撞

10.4 处理构件碰撞

（1）构件碰撞处理的准备工作

① 按 Ctrl＋E 键打开或点击"层显示"按钮 ，在弹出的"层显示"对话框中，双击"Default"图层，按图所示隐藏图层。如图 10-122 所示。

② 点击"全景视图"按钮 ，最大化显示视图，视图中构件显示结果如图 10-123 所示。

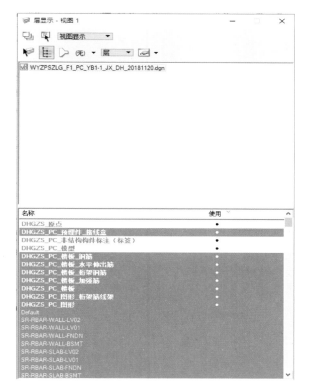

图 10-122 "层显示"对话框

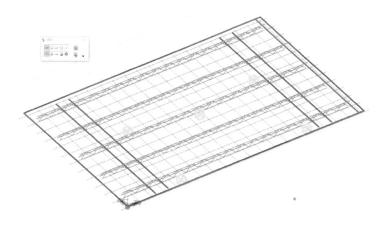

图 10-123 "全景视图"按钮

（2）加强钢筋与桁架钢筋的碰撞处理

① 点击"旋转视图"工具板中的"前视图"按钮，切换到前视图，框选全部加强钢筋及其钢筋形状图形。如图 10-124 所示。

② 点击主工具板中的"移动"按钮，捕捉图 10-125 所示位置，点击左键。

③ 鼠标向上方拖动，偏向 Y 轴，按回车键锁定 Y 轴向。如图 10-126 所示。

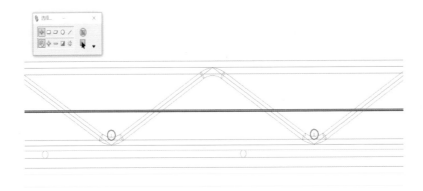

图 10-124 "前视图"按钮

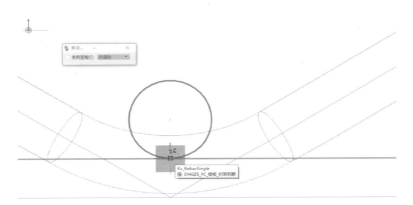

图 10-125 "移动"按钮

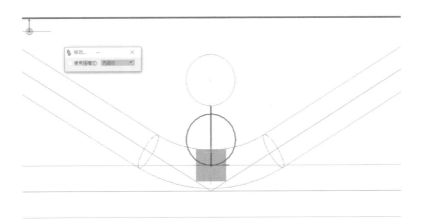

图 10-126 鼠标向上方拖动

④ 鼠标拖动至图 10-127 所示位置(黄色钢筋),点击左键,完成加强钢筋移动。如图
10-127 所示。

⑤ 同样方法,移动另一侧的加强钢筋。

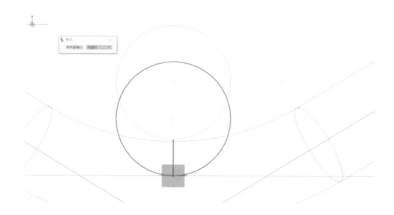

图 10-127　完成加强钢筋移动

⑥ 在"工具"菜单中,点击"碰撞检测"列表中的"碰撞检测"工具,打开"碰撞检测"对话框。如图 10-128 所示。

图 10-128　"碰撞检测"工具

⑦ 选择"桁架钢筋与钢筋网、加强钢筋"碰撞任务,点击"处理"按钮 ![处理] 。处理结果如图 10-129 所示。

⑧ 在"结果"选项卡中,冲突的"状态"列中显示"已解决",完成桁架钢筋与钢筋网、加强钢筋的碰撞处理。

⑨ 点击"碰撞检测"对话框底部的"关闭"按钮,在弹出的"碰撞检测警报"对话框中点击"是(Y)"按钮,保存并关闭"碰撞检测"对话框。

(3) 接线盒与楼板钢筋的碰撞处理

① 不能直接修改混凝土构件,当前 PC 楼板混凝土构件是从 PC 楼板实体模型关联复制,并转换而成。如果需要修改 PC 楼板混凝土构件,只能修改 PC 楼板实体模型。

② 按 Ctrl＋E 键打开或点击"层显示"按钮 ![图标] ,在弹出的"层显示"对话框中,双击"Default"图层,按图所示隐藏图层。如图 10-130 所示。

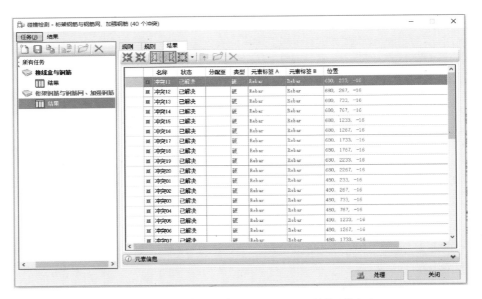

图 10-129 "桁架钢筋与钢筋网、加强钢筋"碰撞任务

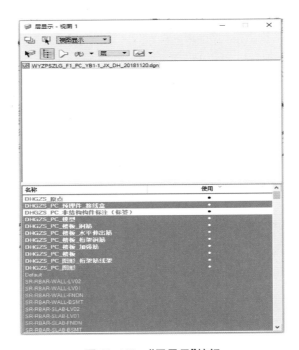

图 10-130 "层显示"按钮

③ 点击"旋转视图"工具板中的"顶视图"按钮 🔲,切换到顶视图,点选如图 10-131 所示的接线盒。

④ 点击主工具板中的"移动"按钮 ,捕捉图 10-132 所示位置,点击左键。

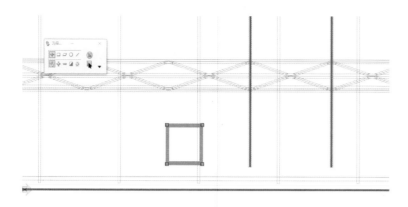

图 10-131　"顶视图"按钮

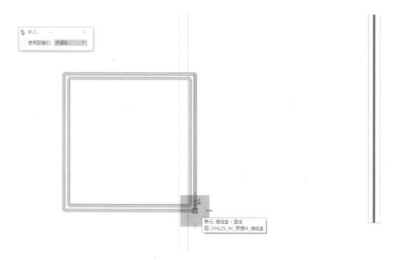

图 10-132　"移动"按钮

⑤ 鼠标向左方拖动,偏向 X 轴,按回车键锁定 X 轴向。如图 10-133 所示。

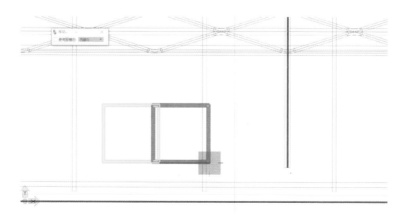

图 10-133　鼠标向左方拖动

⑥ 鼠标拖动至图 10-134 所示位置(黄色钢筋),点击左键,完成加强钢筋移动。如图 10-134 所示。

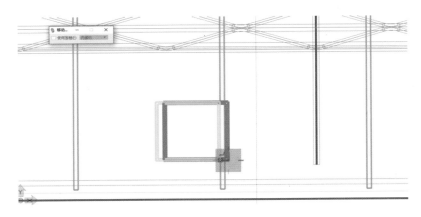

图 10-134 完成加强钢筋移动

⑦ 同样方法,完成另一个与钢筋发生碰撞的接线盒的位置。

⑧ 按 Shift+鼠标中键旋转视图,鼠标滚轮放大视图到合适角度。如图 10-135 所示。

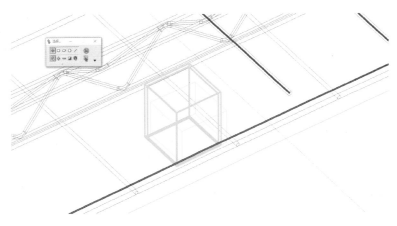

图 10-135 旋转视图

⑨ 点击"实体建模"任务栏中"修改实体"按钮 ，在弹出的"修改实体"对话框中按图 10-136 所示进行设置。

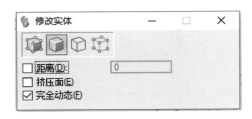

图 10-136 "修改实体"按钮

⑩ 点击 PC 楼板实体模型,如图 10-137 所示。

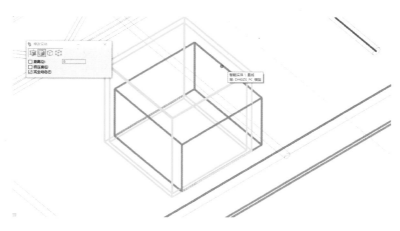

图 10-137 点击 PC 楼板实体模型

⑪ 两次左键点击(非双击)图 10-138 所示的 PC 楼板实体模型接线盒预留洞的内表面(黄色显示)。如图 10-138 所示。

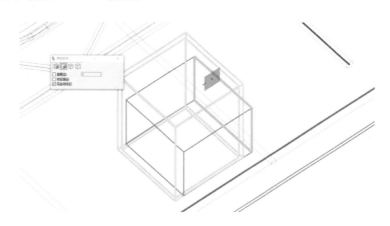

图 10-138 点击预留洞的内表面

⑫ 鼠标向左下方拖动,偏向 X 轴,按回车键锁定 X 轴向,捕捉图 10-139 所示的接线盒外表面。

⑬ 单击左键完成当前预留洞内表面的移动。结果如图 10-140 所示。

⑭ 同样方法完成当前表面对面内表面的移动。结果如图 10-141 所示。

⑮ 重复步骤⑧到⑫,完成另一个 PC 楼板接线盒预留洞口的修改。

⑯ 在"工具"菜单中,点击"碰撞检测"列表中的"碰撞检测"工具,打开"碰撞检测"对话框。如图 10-142 所示。

⑰ 选择"接线盒与钢筋"碰撞任务,点击"处理"按钮 处理 。处理结果如图 10-143 所示。

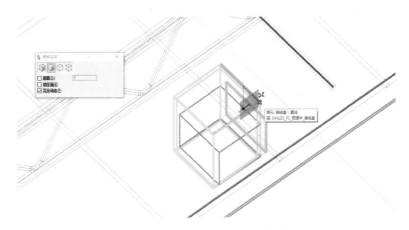

图 10-139   鼠标向左下方拖动

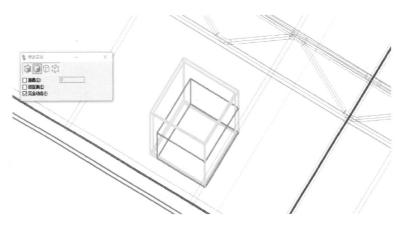

图 10-140   完成当前预留洞内表面的移动

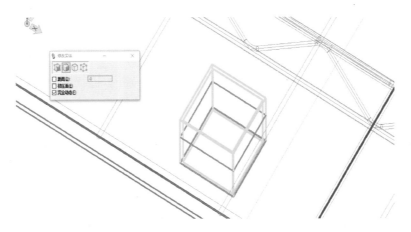

图 10-141   完成当前表面对面内表面的移动

图 10-142   "碰撞检测"对话框

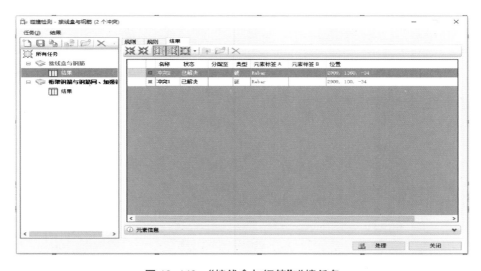

图 10-143   "接线盒与钢筋"碰撞任务

⑱ 在"结果"选项卡中,冲突的"状态"列显示"已解决",完成接线盒与钢筋的碰撞处理。

⑲ 点击"碰撞检测"对话框底部的"关闭"按钮,在弹出的"碰撞检测警报"对话框中点击"是(Y)"按钮,保存并关闭"碰撞检测"对话框。

⑳ 按 Ctrl＋E 键打开或点击"层显示"按钮 ⊜,在弹出的"层显示"对话框中,双击"Default"图层,按图 10-144 所示隐藏图层。如图 10-144 所示。

㉑ PC 楼板最终创建结果如图 10-145 所示。

㉒ 按 Ctrl＋F 键或点击"文件"菜单下的"保存设置(V)",然后点击"文件"菜单下的"关闭(C)"按钮,退出当前文件。

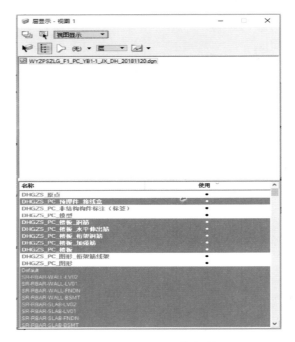

图 10-144 "层显示"对话框

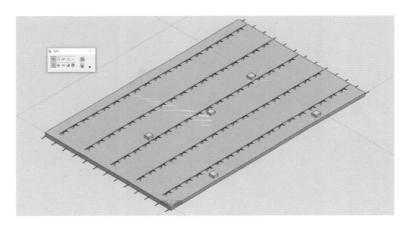

图 10-145 PC 楼板最终创建结果

　　基于以上步骤,PC 楼板加工设计 BIM 模型成功创建。其他 PC 构件加工设计 BIM 模型创建方式与此类似,在此不再赘述。同时,本书附有楼板、楼梯、梁、墙、柱等构件的实体 BIM 模型,扫描附录中相应的二维码即可进行展示。

10.5 本章小结

　　本章以 PC 楼板为例介绍了 PC 构件加工设计 BIM 模型创建时 ProStructures 软件

的应用和详细操作步骤,具体包括 PC 楼板实体模型的创建、PC 楼板钢筋 BIM 模型的创建、PC 楼板中的钢筋与预留孔和预埋件的碰撞检测及最后的碰撞处理等操作。经过上述操作步骤,即可成功创建各类 PC 构件加工设计 BIM 模型。

11 技术体系与解决方案

将 BIM 技术应用于装配式建筑,不同技术体系下有着不同的解决方案。本章将重点介绍目前国内外比较流行的五种装配式 BIM 解决方案,即 ProStructures 装配式 BIM 解决方案、Planbar 装配式 BIM 解决方案、盈建科-PC 装配式 BIM 解决方案、鸿业-PC 装配式 BIM 解决方案及 PKPM-BIM 装配式 BIM 解决方案,使读者能够对各类技术体系与解决方案有更清晰的认识。

11.1 ProStructures 装配式 BIM 解决方案

11.1.1 ProStructures 产品介绍

ProStructures 钢结构和混凝土设计软件高效创建精确的钢结构、金属结构和钢筋混凝土结构三维模型。ProStructures 可用于创建设计图纸、制造详图和钢筋表,它们会随着对三维模型的更改自动更新。可自定义的用户标准和开放的工作环境大大提升了项目完成速度[92]。

ProStructures 作为资深设计工程师开发的综合软件,包含 ProSteel 和 ProConcrete 两大组件,有助于提升工作效率和获利能力。

(1) 自动创建精确文档和详图。

(2) 轻松生成楼梯、扶手、云梯和圆形楼梯的详图。

(3) 自动接收来自三维模型的二维图纸,包括物料清单、NC 数据和 PPS 数据。

(4) 通过与 Bentley 产品和第三方产品集成,避免重复工作。

11.1.2 ProStructures 功能介绍

生成钢筋放置工程图,包括截面图、平面图、详图、钢筋弯曲表、材料统计和梁/柱/基脚钢筋表,这些全部以三维模型为基础。所有钢筋表和工程图均可进行自定义,以满足不同公司混凝土项目的标准。

(1) 为参数结构建模

为结构构件(比如梁、柱、支架、钢结构连接、基础、地基和钢筋)建模。在梁和柱之间使用钢结构连接,自动更新尺寸变化。构件类型也可以用到参数化组件(比如楼梯、梯架和扶手)中。

(2) 为钢筋混凝土建模

为各种形状的钢筋混凝土建模,如混凝土梁、柱、板、墙、扩展基脚和连续基脚,全部使用参数化方式进行操作。混凝土形状如有变化,钢筋会自动调整。使用直观的命令为复杂的钢筋混凝土形状建模,包括曲线、斜面或非正交形状(图11-1)。

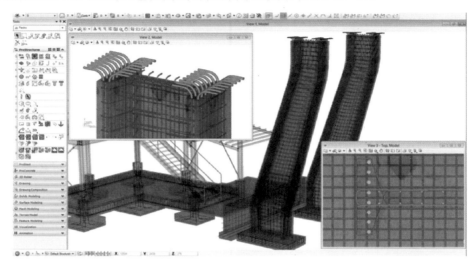

图11-1　为钢筋混凝土建模[92]

(3) 生成钢铁制造工程图

为三维模型中的每个型钢、钢结构结点和钢结构板件生成工程图。轻松创建综合的单部件工程图,包括尺寸、注释、标签和部件清单。定制工程图以符合公司所有结构钢项目的标准。根据三维模型的更改自动更新所有过时的工程图。

(4) 生成结构混凝土详图

生成钢筋放置工程图,包括三维模型中的截面图、平面图和详图。快速创建钢筋详图,包括自动钢筋标记、尺寸和注释。自定义全部工程图,确保所有钢筋混凝土项目均符合不同公司的标准。根据三维模型的更改自动更新工程图。

(5) 生成结构施工文档

生成施工文档(如平面图、剖面图和详图),这些全部与三维模型自动关联。对三维模型所做的更改会在工程图中自动更新。使用工程图中需要重新发布的自动标记来轻松管理模型的更改和修订。

(6) 生成结构设计文档

自动生成结构设计文档,包括用于传递设计意图的必要平面图和立面图。对三维模型所做的更改会在文档中自动更新。

(7) 生成结构详图

利用在结构模型中建立的设计结果直接生成详细的二维工程图。使用软件中提供的设置自定义工程图的样式和格式。

（8）共享结构模型

将结构模型几何图形和设计结果从一个应用程序传输到另一个应用程序，并同步未来变化。快速共享结构模型、工程图和信息以供整个团队查看。

（9）跟踪和恢复结构设计变更

管理三维模型的设计变更，利用可选说明和时间戳跟踪版本修订。在项目期间，可以随时回退或撤销选定的变更。查看多个设计方案，并从建模错误中快速恢复。

11.1.3　Bentley 结构产品整体解决方案

1）结构解决方案

如图 11-2 所示，箭头代表数据流向图，Bentley 结构解决方案以 STAAD.Pro 为核心，组成了从结构计算、基础设计、节点设计再到布置图、详图及材料表生成的全生命周期解决方案；STAAD 计算后可以直接将其基础反力值导向 Foundation 中进行基础的设计，Foundation 可以进行不同基础方案的对比；STAAD 计算后直接将节点内力值导向 RAM Connection 中进行不同节点的设计；STAAD 计算后的杆件大小、尺寸及布置方向确定后可以直接导出到 ProStructures 进行三维建模，ProStructures 与 STAAD 可双向协同，模型变更后也可导回 STAAD 进行计算[93]。

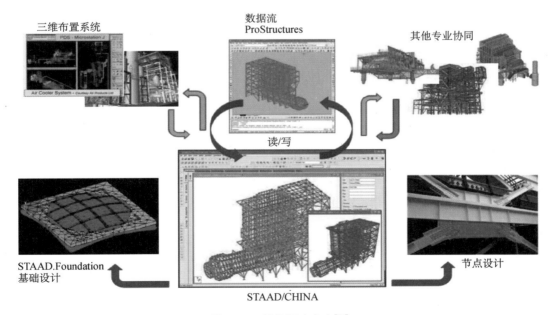

图 11-2　结构解决方案[93]

2）Bentley 结构系列产品

（1）上部结构设计分析

STAAD Pro 是一款综合性强和功能性齐全的有限元分析设计软件，它包含熟悉的操作界面、可视化工具、国际通用的设计代码等,同时,该软件还可以对多种不同的荷载进行分析校验,例如动静态分析、基础分析、风荷载、地震荷载、移动荷载等。它适用于塔楼建筑、电缆管道、工厂、桥梁、体育场馆、海洋工程等多种行业的结构分析设计。在功能的应用上,它有以下几大特点:

① 能对复杂、异形(包括一些带板壳的单元)等结构进行计算、分析;

② 可计算出杆件的内力(弯矩、轴力)、各节点内力、基础反力、板单元应力等;

③ 可根据不同国家的检验规范进行验证,包括中国、美国、英国、印度、加拿大等一些主要国家的规范。

（2）三维建模与详图深化

ProStructures 是一款新型的三维建模与详图深化软件,它分为钢结构 ProSteel 和混凝土 ProConcrete 两个模块,能够帮助结构工程师、详图绘制人员和制造商轻松创建混凝土结构和钢结构三维模型。它有以下特点:

① 基于 AutoCAD 或者 Microstation 平台,无须更换现有平台,更容易上手操作;

② 通过 STAAD 计算后的模型可以直接导入 ProStructures 中生成相应的布置图、节点图等,可方便生成详图及材料表,提高工作效率;

③ 操作灵活,能建立多种异形钢构。

（3）基础设计分析

Foundation 是一款综合的基础设计程序,能够构建复杂或简单的基础模型,包括那些特定于工程设施的基础,也可用于大型结构的设计,或使用参数化向导进行设计。具体一些功能特点如下:

① 可进行独立基础、联合基础、板筏基础等通用基础的设计,也可以进行一些压力容器、换热器等设备基础的设计;

② 可生成基础的布置图、配筋图,可导出 CAD 文件;

③ 不仅仅是一个设计软件,还可以进行不同设计方案的经济性比较;

④ 可通过与 STAAD.Pro 集成简化工作流程,也可以独立使用。

（4）节点设计分析

RAM Connection 是一款钢结构连接设计应用程序,它几乎可以为所有的节点连接类型提供全面的分析和设计,包括烦琐的抗震规范设计。通过与三维软件和详图绘制模型相集成且利用程序定制功能可以实现工作流程的优化(图 11-3)。以下是该软件一些优点:

① 三维可视化节点设计模式,更加直观;

② 可设计节点的螺栓大小、尺寸及布置,焊缝的大小、长度、加肋板的尺寸等;

③ 可按中国、美国、英国的节点及规范进行节点设计;

④ 可生成节点详图(导出 CAD 格式)、按规范生成相应报告书(导出 Word 格式)。

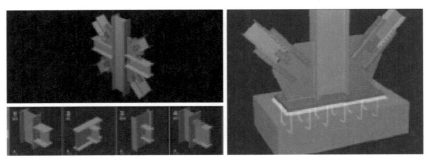

图 11-3　节点设计[93]

11.2　Planbar 装配式 BIM 解决方案

11.2.1　Planbar 简介

Planbar 是建筑工业化设计高品质的综合解决方案，Planbar 软件中包了建筑、工程、预制等模块，同时也提供道路、桥梁等模块，除了作用于普通住宅项目，也支持用户市政方向的设计。它被广泛应用于简单标准化到复杂专业化的预制件深化设计，为预测公司自动化设计预制建筑和细化预制构件提供良好的帮助，并且快速、高效、零失误[94]。

11.2.2　Planbar 软件的功能优势

（1）高效性：2D/3D 同平台工作，向导快速建模，一键批量出图。

（2）稳定性：提供 9 999 个制图文件，9 999 张平面布局图，稳定高效处理大项目数据和图纸。

（3）开发性：支持 40 种以上的数据交换方式，开发数据接口。

（4）安全性：分权限管理项目，实时自动保存项目。

（5）实时性：模型与图纸实时联动，实时更新项目最新状态。

（6）多样化：统计报告类型多样，支持格式多样。

（7）标准化：自定义出图标准，建模标准，统一公司标准。

（8）一体化：预制构件全流程，一体化设计。

（9）自动化：提供全球范围内绝大多数自动化流水线的生产数据，钢筋加工设备生产数据。

11.2.3　Planbar 应用

1）2D/3D 同平台工作

Planbar 同时含有 2D 和 3D 相关模块，采用 2D 工作方式创建 3D 模型在同一平台中实现 2D 信息和 3D 模型的创建和修改，实现了真正的 BIM 工作方式（图 11-4）。

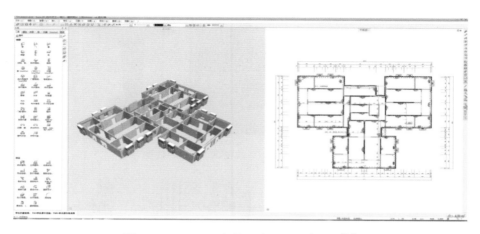

图 11-4 Planbar 实现 2D/3D 同平台工作[94]

2）快速、规范、精准创建三维模型

利用 Planbar"向导"功能，项目管理员将墙、柱、梁、窗、门等构件保存为向导，为公司/项目建模建立统一标准。项目设计人员右键双击向导构件即可快速组装创建建筑模型，因"向导构件"的参数和属性均为智能调用的，无须重新设置和计算，从而实现快速、规范、精准创建模型的应用（图 11-5）。

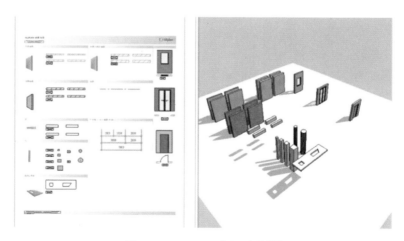

图 11-5 Planbar 向导功能[94]

3）高效、智能深化设计

（1）高效创建 3D 钢筋模型：Planbar 提供丰富的钢筋形状库以供用户自由调用。用户还可通过自定义参数，实现任意钢筋形状的创建。此外，Planbar 中提供的多样化布筋方法，可高效布置各类负责构件，提高工作效率（图 11-6）。

（2）编制各类智能构件：利用 Planbar Python Part 功能，用户可自定义编制各类智能构件（如墙、梁、板、柱等），以便快速、智能生产轮廓、钢筋、预埋件等，实现参数化、智能化深化设计（图 11-7）。

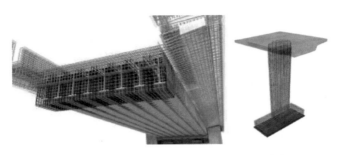

图 11-6　Planbar 高效创建 3D 钢筋模型[94]

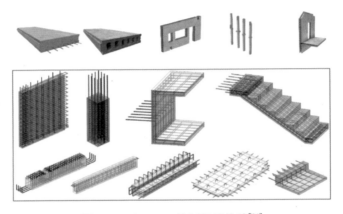

图 11-7　Planbar 编制智能构件[94]

4）优化 BIM 模型，避免碰撞，减少损失

应用 Planbar 的碰撞检查功能对钢筋和钢筋、钢筋和预埋件之间进行碰撞检查，快速发现设计中存在的不合理问题并及时解决，将错误降到最低，最大限度地避免项目返工的风险。

5）模型轻量化处理

应用 Planbar 模型轻量化处理功能，可为用户显示更多的模型，并保证其在展示过程中的流畅性（图 11-8）。

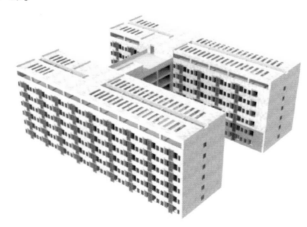

图 11-8　轻量化模型示例[94]

6）规范公司/项目出图标准，一键出图

项目管理员应用 Planbar 布局目录功能自定义公司/项目出图标准，包括模板图、生产图、预埋件图、钢筋图、统计表格等。因项目管理员定义好后，使用者只需选择对应的出图布局，一键点击即可出图，既使用便捷又保证了所有参与者使用标准一致（图 11-9）。

图 11-9 规范出图标准[94]

7）批量生成物料清单

Planbar 的列表发生器、报告、图例三项功能，用户只需一键点击，就能够分别以不同的格式为用户快速创建所需的物料清单，如构件清单、单个构件物料清单、工厂钢筋加工下料单等。对于物料清单的导出格式，用户可在模板的基础上进行自定义设置（图 11-10）。

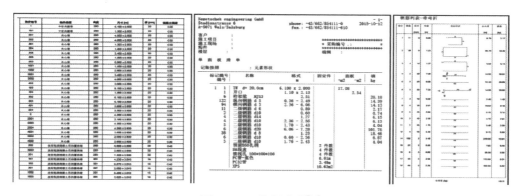

图 11-10 物料清单[94]

8）三维可视化展示项目

Planbar 集成了 CINEMA 4D，其出色的模型渲染和漫游动画效果，为三维可视化展示项目提供了保障（图 11-11）。

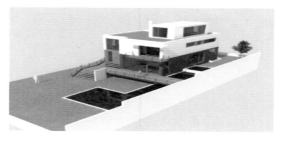

图 11-11 三维可视化项目展示图[94]

9）推动建筑工业化生产

（1）提供自动化生产设备数据：目前 Planbar 所提供的生产数据，可与全球范围内绝大多数自动化流水线进行无缝对接，例如将生产数据以 Unitechnik 和 PXML 等格式导出后传递到中控系统，实现工厂流水线的高效运转。

（2）提供钢筋加工设备数据：Planbar 可为钢筋加工设备提供其需要的生产数据，包括钢筋弯折机需要的 BVBS 数据、钢筋网片焊接机需要的 MSA 数据（MSA 数据甚至支持弯折的钢筋网片的加工生产）等（图 11-12）。

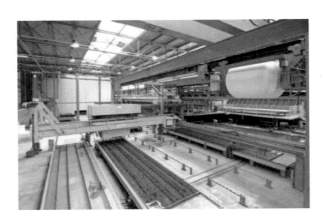

图 11-12　Planbar 建筑工业化生产[94]

10）Planbar 与模型实时联动，保证信息一致

Planbar 图模联动功能保证了模型、图纸、数据信息的实时关联：实现模型的更改，与模型相关联的二维图纸、数据信息（如构件属性：钢筋型号及数量、混凝土标号等）自动关联更改，无须重复改动，提高工作效率，保证模型、图纸、数据信息的一致性（图 11-13）。

图 11-13　Planbar 图模联动[95]

11）稳定高效处理大项目数据和图纸

（1）项目分级处理：Planbar 支持用户自定义项目的树形结构，便捷、高效管理项目；

提供 9 999 个制图文件,分解为多个小部分,保证稳定高效处理大项目数据和图纸。

(2)模型轻量化处理:Planbar 模型轻量化技术,在保证模型流畅性的同时展示更多的模型。

12)预制构件全流程,一体化设计

(1)自动生成构件名:Planbar 支持用户自定义构件名称,常用命名规则——项目名称+楼栋+楼层+构件类型+自动生成编号(如:NEM 住宅 23 号楼 8 层 ED001)。

(2)一键转换预制构件:通过 Planbar"墙体构件设计"命令,一键点击将建筑墙转换为预制墙。

(3)参数化拆分:Planbar 支持参数化自动拆分和手动拆分。

(4)参数化配筋:一键参数化配筋,少量手动添加附加钢筋(注:智能构件不需要手动添加)。

(5)自动放置预埋件:吊点、斜支撑螺母、连接件、灌浆套筒等(图 11-14)。

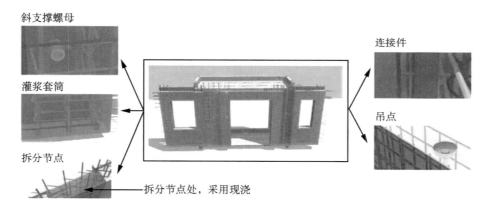

图 11-14 自动放置预埋件[95]

13)开放数据接口,推动信息共享化

(1)提供 ERP 系统数据:Planbar 中的模型信息能够以 XML 数据格式导出,通过对 XML 数据进行解析,ERP 系统能够轻松地提取混凝土、钢筋、预埋件的物料信息,如物料名称、编码、数量、单位等。

(2)提供 5D 管理平台数据:Planbar 提供相关数据,便于实现项目的 5D 管理。

(3)支持 40 种以上的数据交换:Planbar 随时可快速并简单地将数据信息以用户需要的任意格式导出,如 DXF、DWG、PDF、IFC、SKP、C4D、DGN、3DS、3DM、UNI、PXML 等。

(4)支持二次开发:Planbar 提供程序二次开发包,方便用户根据自己的业务需求进行二次开发。

(5)支持 IFC4 Precast:由软件、中控、设备、平台等相关公司共同参与制定,针对混凝土预制件的标准数据接口(图 11-15)。

图 11-15　信息共享[95]

11.2.4　TIM 一体化平台

TIM 以 Planbar 模型为基础,为企业所有业务部门集中提供信息和规划功能。TIM 是将 Planbar、ERP、生产系统和移动终端连接起来的一体化平台(图 11-16)[95]。

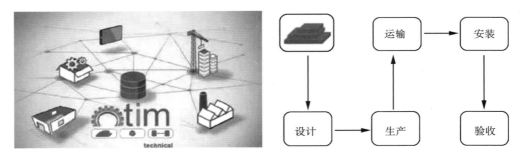

图 11-16　TIM 一体化平台[95]

1)全流程 3D 可视化、信息化管理

(1)自定义任意工作流程

TIM 状态管理系统,支持用户根据自身要求定义工作流程状态,如:待处理→内部检查通过→审核通过→运输计划完成→排产计划完成→构件生产完成→已运输到现场→已安装……

(2)支持多种方式更改状态

操作人员手动更改状态;通过工作人员的操作行为触发状态自动发生变化,如用户将构件放入装箱的托盘上,系统自动更新该构件状态为已装箱;通过第三方系统(中央控制系统、ERP 系统等)反馈信息,触发状态自动更改;通过移动终端(mTIM)更改状态。

2)3D 可视化预演,避免错误,优化管理

(1)解决碰撞:应用 TIM 碰撞检查功能对构件进行检查,发现问题尤其是碰撞问题,

并及时解决问题,避免构件错误生产,减少不必要的成本。

(2)模拟施工:应用 TIM 安装管理工程,根据实际项目情况,3D 动画模拟构件安装,优化安装过程,指导现场施工安装,避免构件安装错误。

(3)合理运输:应用 TIM 运输管理功能,3D 可视化对构件进行运输堆放,制定合理的运输计划,优化运输管理,指导构件运输,避免错误运输。

(4)优化生产:应用 TIM 生产管理(排产计划)功能,对工厂、车间、模台、班次、日期、人员等进行合理安排,优化生产管理,提高生产效率。

3)安全、稳定、高效、共享

(1)分权限管理:管理员、关键用户、用户、浏览者等多角色权限分配,既保证数据安全,又便于用户专注于各自工作,提高工作效率。

(2)零损数据存储:3D 模型、钢筋、预埋件、深化图纸、生产数据、钢筋加工数据、ERP 数据等均存储于 SQL 数据库,通过 SQL 数据库与其他平台软件的数据库高效对接,实现了模型信息共享,同时因数据存储在本企业的服务器上,保证了数据安全,实现项目信息的私有化管理。

11.3　盈建科-PC 装配式 BIM 解决方案

11.3.1　方案简介

装配式结构设计软件 YJK-AMCS,是在 YJK 的结构设计软件的基础上,针对装配式结构的特点,依据《装配式混凝土结构技术规程》(JGJ 1—2014)及《装配式混凝土结构连接节点构造》(G310-1~2)图集,利用 BIM 技术开发而成的专业应用软件,皆可满足装配式结构的设计、生产、施工单位不同需求,支持北京《装配式剪力墙结构设计规程》(DB11/1003—2013)和上海《装配整体式混凝土公共建筑设计规程》(DGJ 08-2154—2014)等地方规程。

该软件提供了预制混凝土构件的脱模、运输、吊装过程中的单构件计算,整体结构分析及相关内力调整、构件及连接设计功能。可实现三维构件拆分、施工图及详图设计、构件加工图、材料清单、多专业协同、构件预拼装、施工模拟与碰撞检查、构件库建立,与工厂生产管理系统集成,预制构件信息和数字机床自动生产线的对接。

设计单位利用该软件可完成装配式建筑的结构设计、深化设计。构件加工、安装企业利用该软件可完成构件深化设计、企业构件库建立,实现施工过程模拟,同时实现与现有系统的集成。工程总包单位可利用 BIM 平台实现装配式建筑设计、生产、施工一体化解决方案[96]。

YJK-AMCS 采用双平台协同设计模式:一方面搭载结构分析能力强大的 YJK 平台,实现装配式结构整体计算、预制构件拆分定义、专项验算、图纸深化及参数化管理等工作;另一方面搭载目前普及程度较高的 Revit 平台,实现 BIM 全专业协同设计工作;两平台之间通过深度的数据协同管理实现 BIM 数据的无缝链接和高度集成。同时,开源的数据库可与企业管理系统、数字机床生产线及高校仿真实验室等下游系统实现数据交互和集成管理,完善产业链各个环节,满足装配式结构的设计、生产、施工单位的不同需求,平台设计如图 11-17 所示。

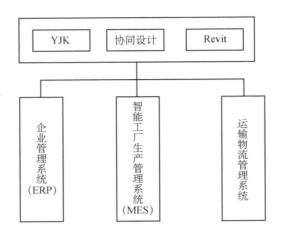

图 11-17 YJK 与 Revit 协同设计系统

11.3.2 技术体系特点

(1) 可自动设计的预制构件类型多、种类齐全

YJK 可自动设计的预制构件的类型包括钢筋混凝土预制叠合楼板、预制柱、预制梁、预制剪力墙、预制楼梯、预制阳台、预制空调板和预制外挂板、填充墙等[96]。

(2) 智能化设计效率高

YJK 在既有的结构设计软件中嵌入装配式设计的内容,使用上手快。

YJK 在建模阶段指定预制构件,可对楼板指定为预制叠合楼板,可对柱、梁和剪力墙指定为预制,可对楼梯指定预制属性,可对悬挑板指定为预制阳台和预制空调板,可对外挂板、隔墙、填充墙指定为预制。

可在指定预制构件后即时进行预制率的统计,统计规则可参照最新国标《装配式建筑评价标准》(GB/T 51129—2017)。

上部结构计算自动接力结构构件的预制属性,并在结构计算中自动考虑规范对装配式结构和构件的各项要求。

建模指定预制构件和上部结构计算的相关功能可完全满足装配式建筑初步设计阶段的各项要求。

在详细设计阶段,每一类预制构件的拆分与合并都是根据结构布置情况智能地进行的,自动设计效率高,人工干预方便。

软件对预制构件还进行了施工阶段验算和吊装验算,给出了详细的计算书[96]。

（3）不断深化专业设计的内容

① 少规格多组合，提高重复利用率

预制叠合板计算完成后，可自动实现对叠合板规格及布置叠合板房间编号的归并；预制梁、柱、剪力墙构件指定后，程序自动完成选筋及构件归并，如图 11-18 所示。

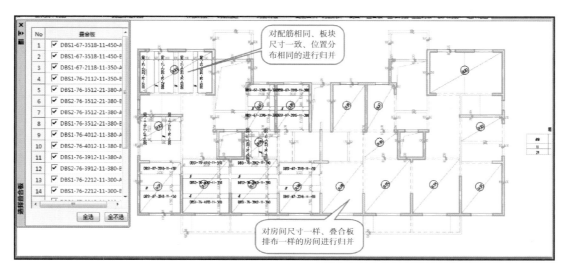

图 11-18　程序自动完成选筋及构件归并[96]

② 规范要求的连接形式

套筒灌浆连接钢筋，如图 11-19 所示。

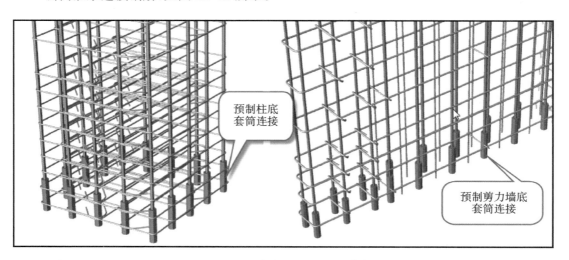

图 11-19　套筒灌浆连接钢筋[96]

③ 可提供详细的计算书

可进行详细的叠合板脱模、吊装验算，预制墙吊装验算，预制梁端抗剪验算，预制柱底或预制墙底接缝处抗剪验算[96]。

（4）丰富的施工图绘制内容（图 11-20，图 11-21）

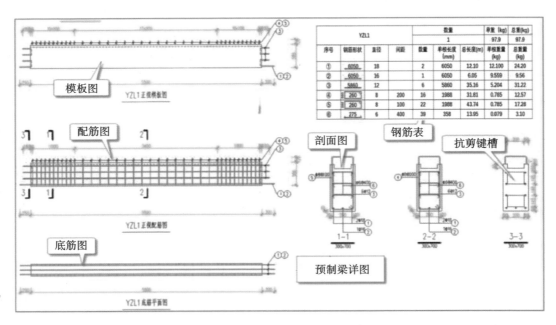

图 11-20　预制梁构件加工详图[96]

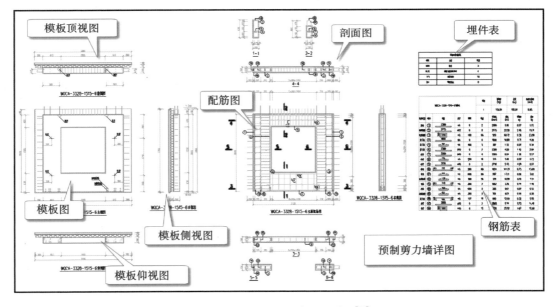

图 11-21　预制剪力墙加工详图[96]

（5）逼真的三维模型（图 11-22，图 11-23）

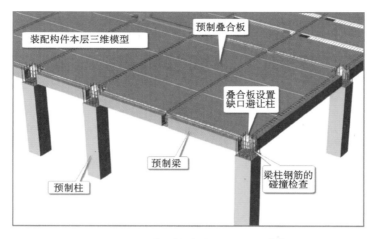

图 11-22　装配构件某层三维模型[96]

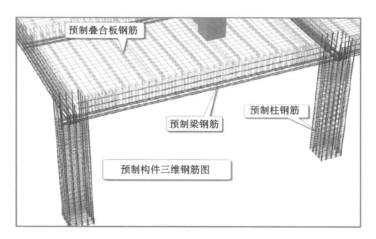

图 11-23　预制构件三维钢筋图[96]

（6）可对梁梁、梁柱、梁墙钢筋进行安装时三维钢筋碰撞检查（图 11-24）

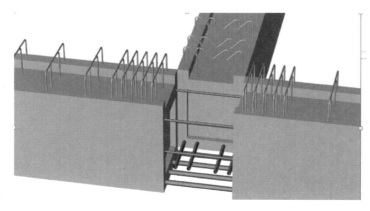

图 11-24　三维碰撞检查[96]

（7）将预制构件进行入库管理

可对用户已布置或修改过的预制构件随时实现入库管理，并能根据需求在构件库中进行钢筋及几何参数的任意修改，实现不同工程间的构件调用，如图 11-25 所示。

图 11-25　参数化管理[96]

（8）预制构件安装动画的设置和播放（图 11-26）

图 11-26　三维构件安装动画[96]

11.3.3　设计流程

盈建科装配式设计的数据来源为上部结构计算，其操作流程统一简便（图 11-27～图 11-29）。

具体设计流程概括如下：

① 在上部结构建模模块实现预制构件的指定和预制率统计。

② 在上部结构计算模块实现整体计算设计。

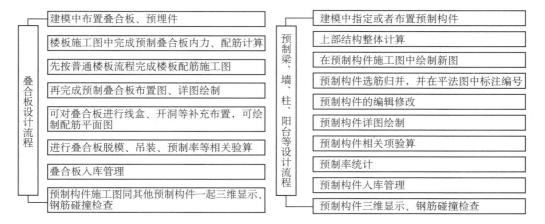

图 11-27　YJK 装配式结构设计流程[96]

图 11-28　楼板指定选取[96]

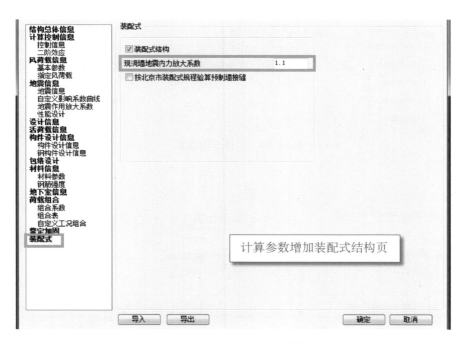

图 11-29　整体计算设计[96]

③ 在施工图模块实现预制构件的编辑，专项验算，深化图纸设计功能，并生成三维模型（图 11-30～图 11-33）。

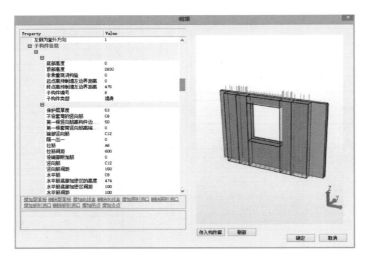

图 11-30　构件参数编辑[96]

预制墙WQC1-3528-1814-2 (ID = 527)，起点坐标（114615, 106235），终点坐标
洞口长 1800.0mm，高 1400.0mm
墙容重 25.0kN/m³，保温板容重 1.0kN/m³，外挂板容重 25.0kN/m³
保温板长 3585.0mm，保温板宽 100.0mm，保温板高 2780.0mm
扣除洞口后的保温板面积 7.446m²
保温板重 744.6N
外叶墙长 3625.0mm，外叶墙宽 60.0mm，外叶墙高 2780.0mm
扣除洞口后的外叶墙面积 7.558m²
外叶墙重 11336.2N
内叶墙长 2925.0mm，内叶墙宽 250.0mm，内叶墙高 2630.0mm
扣除洞口后的内叶墙面积 5.173m²
内叶墙重 32329.7N
总重 44410.6N
考虑面外构件后的总重 66615.9N
沿构件长度的重心位置为 1467
沿构件厚度的重心位置为 193
每根吊杆的受力面积 615.8mm²
每根吊杆的内力 16654.0N，每根吊杆的应力 27.0N/mm²＜ 65N/mm²满足

图 11-31　构件专项验算[96]

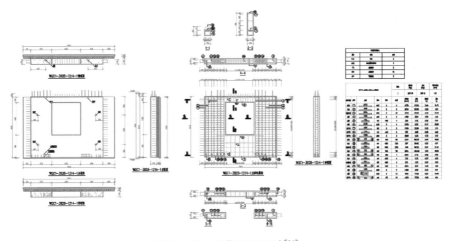

图 11-32　深化图纸设计[96]

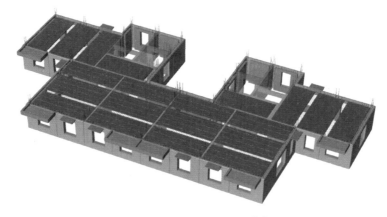

图 11-33　全楼三维显示[96]

④ 在 Revit 下实现 BIM 全专业协同设计（图 11-34）。

图 11-34　全专业协同设计[96]

11.3.4　数据交互

（1）YJK 与 Revit 平台的数据交互

Revit-YJKS 协同设计平台是 YJK-AMCS 系统中的重要组成部分，该平台可实现 YJK 与 Revit 模型数据的互通互联和实时共享，真正实现双平台协同设计。其建模助手界面如图 11-35 所示，结构模型建模界面如图 11-36 所示，施工图管理界面如图 11-37 所示。

图 11-35　建模助手[96]

图 11-36　结构模型界面[96]

图 11-37　施工图管理界面[96]

为承接盈建科中的预制构件参数模型,在 Revit 中定义了与之相对应的预制构件族。软件可以将盈建科中的预制构件一键式转换为 Revit 的信息模型,其参数与 YJK 的构件参数一一对应,如图 11-38 所示。

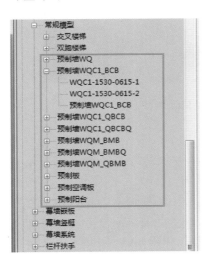

图 11-38　预制构件模型参数显示[96]

(2) YJK 与下游软件的数据交互

① 给出预制构件明细表,可与构件厂加工管理系统对接。如图 11-39 所示是工厂加工管理系统中的 Excel 格式的预制墙清单。

② 预制构件信息和数字机床自动生产线的对接。

YJK 和德国软件 Planbar 接口,如图 11-40、图 11-41 所示。

A1 　　　　　　　　　fx　预制墙清单

楼层	类型	型号	数量	方量	混凝土方	保温板方	聚苯板方量	MJ2	MJ1	DH	PVC	TT1	TT2	TT3	Φ6长度	Φ6重量	Φ12长度	Φ12重量
1	预制墙	WQ-3630-	1	3.62 m3	2.50 m3	1.12 m3	0.00 m3	4	2	0	2.40 m	6		20	3790	841 kg	59500	52.84 kg
1	预制墙	WQC1-35	1	2.83 m3	1.86 m3	0.97 m3	0.00 m3	4	2	0	5.60 m	14	3		3225	716 kg	8925	7.93 kg
1	预制墙	NQ-3630-1	1	1.62 m3	1.62 m3	0.00 m3	0.00 m3	4	2	0	1.60 m	4	14	4	3390	753 kg	41650	36.99 kg
1	预制墙	NQ-3630-2	1	1.62 m3	1.62 m3	0.00 m3	0.00 m3	4	2	0	1.60 m		15		3390	753 kg	50225	44.60 kg
1	预制墙	NQ-3630-3	1	1.62 m3	1.62 m3	0.00 m3	0.00 m3	4	2	0	1.60 m		15		3340	741 kg	50225	44.60 kg
1	预制墙	NQ-3630-4	1	1.62 m3	1.62 m3	0.00 m3	0.00 m3	4	2	0	1.60 m	2	15	4	3390	753 kg	44625	39.63 kg
1	预制墙	WQ-3630-	1	3.62 m3	2.50 m3	1.12 m3	0.00 m3	4	2	0	2.40 m	6		20	3790	841 kg	59500	52.84 kg
1	预制墙	WQC1-35	1	2.83 m3	1.86 m3	0.97 m3	0.00 m3	4	2	0	4.80 m	12	3		3225	716 kg	8925	7.93 kg
1	预制墙	WQC1-33	1	2.89 m3	1.84 m3	1.06 m3	0.00 m3	4	2	0	3.20 m	8		8	3550	788 kg	42999	38.18 kg
1	预制墙	WQC1-33	2	2.75 m3	1.78 m3	0.97 m3	0.00 m3	4	2	0	6.40 m			16	3220	715 kg	41416	36.78 kg
1	预制墙	WQC1-33	1	2.89 m3	1.84 m3	1.06 m3	0.00 m3	4	2	0	1.60 m	10			3550	788 kg	34645	30.76 kg
1	预制墙	NQM2-333	1	1.07 m3	1.07 m3	0.00 m3	0.00 m3	4	2	0	6.40 m	16			3110	690 kg	11900	10.57 kg
1	预制墙	NQM2-333	1	1.07 m3	1.07 m3	0.00 m3	0.00 m3	4	2	0	4.80 m	12			3060	679 kg	14875	13.21 kg
1	预制墙	NQ-3330-1	1	1.12 m3	1.12 m3	0.00 m3	0.00 m3	4	2	0	1.60 m	8	8		2950	655 kg	29400	26.11 kg
1	预制墙	NQ-3330-2	1	1.12 m3	1.12 m3	0.00 m3	0.00 m3	4	2	0	3.20 m	8			3000	666 kg	23800	21.13 kg
1	预制墙	WQ-3330-	1	3.30 m3	2.27 m3	1.03 m3	0.00 m3	4	2	0	1.60 m	2	18	4	3490	775 kg	53550	47.55 kg
1	预制墙	WQC1-15	1	1.14 m3	0.71 m3	0.43 m3	0.00 m3	4	2	0	3.20 m			8	1420	315 kg	9585	8.51 kg
1	预制墙	WQC1-33	1	3.03 m3	2.00 m3	1.03 m3	0.00 m3	4	2	0	3.20 m	8		8	3490	775 kg	17850	15.85 kg
1	预制墙	WQ-3330-	1	3.30 m3	2.27 m3	1.03 m3	0.00 m3	4	2	0	2.40 m	6	18		3490	775 kg	53550	47.55 kg
1	预制墙	WQC1-15	1	1.14 m3	0.71 m3	0.43 m3	0.00 m3	4	2	0				8	1420	315 kg	9585	8.51 kg
1	预制墙	WQC1-33	1	3.03 m3	2.00 m3	1.03 m3	0.00 m3	4	2	0	3.20 m	8		8	3490	775 kg	17850	15.85 kg
1	预制墙	WQC1-36	1					4	2	0		8		8	3850	855 kg	17850	15.85 kg
1	预制墙	WQC1-33	1	2.75 m3	1.78 m3	0.97 m3	0.00 m3	4	2	0	1.60 m	8			3220	715 kg	26292	23.35 kg
1	预制墙	WQC1-26	1	2.23 m3	1.48 m3	0.75 m3	0.00 m3	4	2	0	1.60 m	8	4	4	2470	548 kg	11900	10.57 kg
1	预制墙	NQM2-333	1	0.89 m3	0.89 m3	0.00 m3	0.00 m3	4	2	0	6.40 m	16			3190	708 kg	40839	36.26 kg
1	预制墙	NQ-2130-1	1	0.86 m3	0.86 m3	0.00 m3	0.00 m3				3.20 m				3020	448 kg	20825	18.49 kg

Excel格式的预制墙清单

图 11-39　Excel 格式的预制墙清单[96]

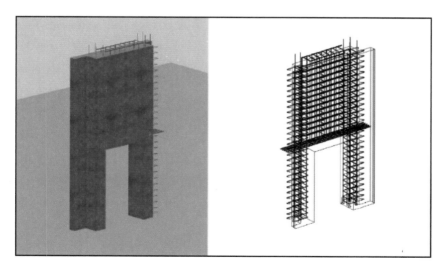

图 11-40　YJK 与 Planbar 中的预制外墙[96]

③ YJK 与 AutoCAD 的数据交互

A. 读入 dwg 格式的结构平面布置图,转化成各层平面布置。

B. 读入平法钢筋图的配筋信息。

C. 读取电气、水暖专业 dwg 平面图上的灯具布置信息,生成预埋件布置信息。

D. YJK 深化图纸转为 dwg 格式文件。

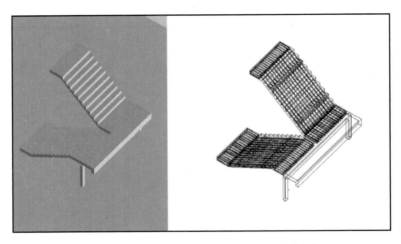

图 11-41　YJK 与 Planbar 中的预制楼梯[96]

11.4　鸿业-PC 装配式 BIM 解决方案

11.4.1　方案简介

鸿业装配式建筑设计软件是针对装配式混凝土结构、基于 Revit 平台的二次开发软件,从 Revit 模型到预制件深化设计及统计的全流程设计。鸿业装配式建筑设计软件集成国内装配式规范、图集和相关标准,能够快速实现预制构件拆分、编号、钢筋布置、预埋件布置、深化出图(含材料表)及项目预制率统计等,形成了一系列符合国内设计流程、提升设计质量和效率、解放装配式设计师的功能体系[97]。

11.4.2　技术体系特点

1)智能拆分构件

装配式混凝土结构设计中预制构件的拆分是装配式设计的核心,是标准化、模数化的基础,关系到构件详图如何出、工厂如何预制及项目预制率、装配率等关键问题。鸿业装配式建筑设计软件从图集、规范和装配式建筑实际项目出发,内置合理的拆分方案和拆分参数,可选择按规则批量拆分和灵活手动拆分两种方式。对拆分后的楼层、现浇与预制构件、不同构件类型分别以不同颜色予以区分,方便设计师使用(图 11-42)[97]。

2)参数化布置钢筋

装配式建筑结构中的钢筋排布、与现浇部分钢筋的搭接等问题,是制约着装配式部件能否顺利施工的关键因素。装配式混凝土结构出图量大,PC 构件需要逐根绘制钢筋。鸿业装配式建筑设计软件基于对国内装配式建筑发展情况的研究,通过对预制构件布筋规则的研究,采用参数化的钢筋布置方式,只需要在界面中输入配筋参数便可驱动程序自动完成钢筋绘制,在大大提高设计效率的同时也更加符合国内的设计习惯。鸿业装配式建

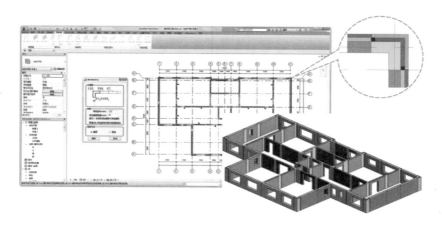

图 11-42　墙体拆分[97]

筑设计软件的钢筋设置参数考虑了规范、图集的相关要求和结构设计习惯,考虑了钢筋避让、钢筋样式等问题,并且支持将配筋方案作为项目或企业资源备份,复用于其他项目(图 11-43)[97]。

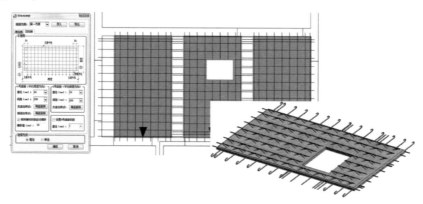

图 11-43　预制板钢筋布置[97]

3）预埋件布置

鸿业装配式建筑设计软件内置了一批常用的预埋件族,并可通过参数化设置预埋件相关尺寸,同时也支持新建预埋件类型,既包括单个预制构件自身的吊装预埋件、洞口预埋件、电盒与线管等,又包括与墙、板关联的斜撑预埋件。针对竖向构件的灌浆套筒埋件,采用在钢筋参数设置时按规则自动生成,提高设计效率(图 11-44)[97]。

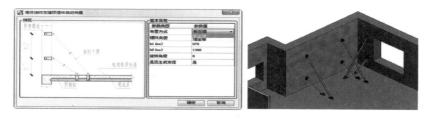

图 11-44　预制墙埋件布置[97]

4）自动出预制件详图

装配式建筑设计需要出大量的预制构件详图,鸿业装配式建筑设计软件开发了一键布图功能,自动生成预制构件详图。在详图中,考虑了预制构件水平和竖向切角等细节,图纸内容包括模板图、配筋图、剖面图、构件参数表、钢筋明细表及预埋件表等,软件自动实现布图,大大减轻设计师工作量。同时,也可通过构件库功能,将详图文件批量导出为RVT、PDF 文件(图 11-45)[97]。

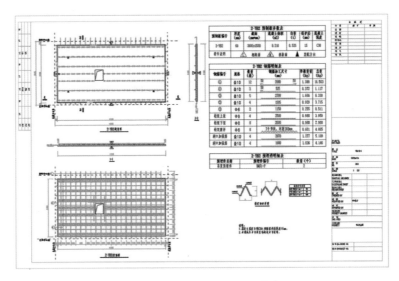

图 11-45　预制构件详图[97]

5）实时统计预制率

预制率是装配式项目的重要考察指标,鸿业装配式建筑设计软件通过构件属性信息的埋入,自动统计预制混凝土和现浇混凝土用量。用户只需选择当地的执行标准和计算规则便可实时计算出当前项目的预制率,支持在设计过程的各阶段进行统计(图 11-46)[97]。

预制率统计					
种类	构件类型	混凝土体积 (m3)	分项计算占比	分项合计 (m3)	预制率(图标)
预制混凝土	预制外墙	21.41	7.4%	100.73	34.8%
	预制内墙	34.64	12.0%		
	预制非承重内隔墙	12.12	4.2%		
	叠合楼板预制板	19.75	6.8%		
	预制其他构件	0.93	0.3%		
	预制外叶墙板	11.88	4.1%		
现浇混凝土	现浇外墙	19.17	6.6%	188.53	
	现浇内墙	38.92	13.5%		
	叠合楼板叠合层	99.76	34.5%		
	现浇其他构件	0.49	0.2%		
	暗柱	23.84	8.2%		
	现浇墙外叶墙板	6.35	2.2%		

图 11-46　预制率统计[97]

11.4.3　设计流程

鸿业装配式建筑设计软件的设计流程如图 11-47 所示。

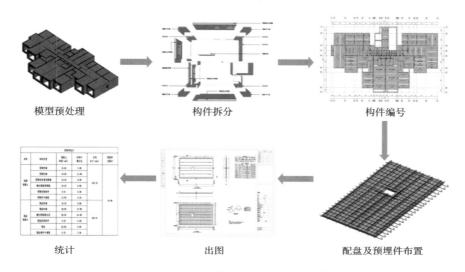

模型预处理　　　　　　构件拆分　　　　　　　构件编号

统计　　　　　　　　　出图　　　　　　　配盘及预埋件布置

图 11-47　鸿业装配式建筑设计流程[97]

11.4.4　数据交互

鸿业装配式建筑设计软件是基于 Revit API 进行二次开发的一款软件,支持 Revit 可识别所有的格式文本。上游可以对接 BIMSpace 等建筑模型和 YJK 等结构模型,但目前不能直接对接结构计算数据。从结构整体抗震考虑必须依赖计算软件,现阶段未做计算数据的对接原因有两条:(1)工程师绘制施工图用计算结果还是计算软件的配筋结果做法不同,而且某些构件不只是配筋,还需要考虑挠度、裂缝等,需要一起融入进去,否则对接出配筋图一定需要人工干预。那么目前通过参数化人工方式直接对构件配筋对效率基本没有影响,而且更准确、更符合设计师习惯。(2)通过人工干预计算结果的方式更准确地实现少规格多构件的效果,为标准化生产提供依据。同时我们正在对各种对接计算结果的需求做汇总,对于导入计算结果直接生成符合实际要求的方式、构件级局部验算已纳入我们的研发计划当中。

下游对接生产,从国内的生产现状距工业化生产的差距还很远,绝大多数生产厂还是以大量的手工制作为主,同时信息化程度低,那么构件数据还未发挥应有的作用,同时根据生产设备(如芬兰、德国、日本等)的不同,对数据的要求也不同。目前软件还没有直接对接生产设备的数据,但对接下游生产设备的数据完全可以实现,需要聚焦厂家。

11.5　PKPM-BIM 装配式 BIM 解决方案

装配式建筑区别于传统建筑建造模式,具有标准化、精细化和全流程一体化的建造特点,需要应用新的信息化技术解决各阶段中的突出问题。BIM 的精细化设计能力和贯穿全生命周期的项目管理的特性与装配式建筑的流程管理和深化设计的理念十分契合。装配式建筑可以依托 BIM 的精细化模型完成装配式设计工作,通过装配式 BIM 模型在建筑设计、深化设计、构件生产、构件运输、现场施工、运营维护等环节中信息的有效传递,可以让各参与方在不同工作阶段,针对装配式 BIM 模型进行模型深化调整和信息获取与录入等工作。基于 BIM 的信息化技术的应用可有效解决装配式建筑在设计、生产、运输和施工各环节中的关键技术问题,实现装配式建筑全流程的精细和高效管理。

通过基于 BIM 的装配式建筑产业化集成应用体系,建立装配式建筑标准化和三维可视化数据模型,在全生命周期内提供协调一致的信息,实现数据共享和协同工作;利用 BIM 技术建立装配式标准化户型库和装配式构件产品库,提高预制构件拆分效率,实现精细化设计;通过 BIM 指导生产,通过具备可追溯性质量管控的生产管理系统对构件加工过程进行规范化管理,设计数据直接接力构件生产设备,使生产进度和质量得到有效管控;施工过程中通过 BIM 实现构件运输、安装及施工现场的一体化智能管理,利用拼装校验技术与智能安装技术指导施工,优化施工工艺,可有效提高建造效率和工程质量,降低人工工作量,如图 11-48 所示。

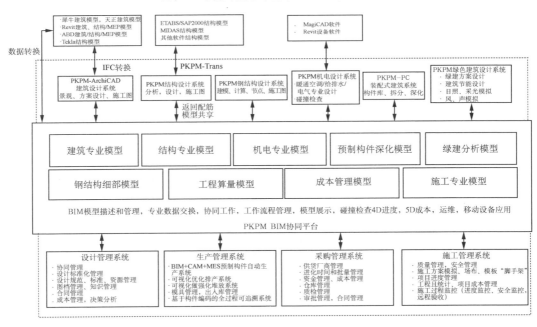

图 11-48　基于 BIM 的装配式建筑产业化集成应用体系架构图

11.5.1　PKPM BIM 装配式软件体系总体介绍

PKPM BIM 装配式软件体系(简称 PKPM-PC)为国家"十三五"项目成果,软件按照装配式建筑全产业链集成应用模式研发,在 PKPM-BIM 平台下实现预制部品部件库的建立、构件拆分与预拼装、全专业协同设计、构件深化与详图生成、碰撞检查、材料统计等,设计数据直接接力到生产加工设备,为广大设计和生产企业提供专业软件,提高设计效率和质量,助力建筑工业化发展。

软件可以快速完成国内各种装配式建筑的全流程设计,即时统计预制率和装配率,快速检查钢筋碰撞情况,自动生成各类施工图和构件详图,相比传统 CAD 设计和采用其他通用性软件设计,效率大为提高。

软件可完成国内各种结构形式的装配式设计,包括框架、框剪、剪力墙、框支剪力墙、外挂墙板等。完成装配式建筑的全流程设计,包括方案、拆分、计算、统计、深化、施工图和加工图等。可实现智能拆分、智能统计、智能查找钢筋碰撞点、智能开设备洞和预埋管线、构件智能归并。如图 11-49 所示。

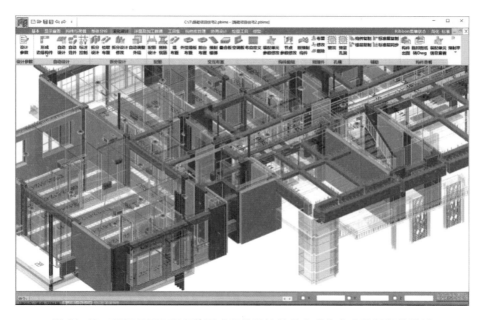

图 11-49 采用 PKPM-PC 装配式建筑设计软件完成多专业协同深化设计

软件与国内大型装配式企业联合研制,按照装配式全产业链(设计—生产—装配—运维)集成应用的思路研发,利于 EPC 建造模式。采用 BIM 技术,符合装配式建筑精细化、一体化、多专业集成的特点,方案设计与深化设计无缝连接,避免二次设计。经大量实际项目应用,成熟稳定。

11.5.2 PKPM BIM 装配式软件体系应用流程

PKPM BIM 装配式软件体系(简称 PKPM-PC)包括设计院版和全功能版(深化版)两个版本,具体应用流程如下:

(1) 装配式方案及施工图设计流程,如图 11-50 所示。

(2) 装配式深化及加工图设计流程,如图 11-51 所示。

图 11-50　装配式方案及施工图设计流程

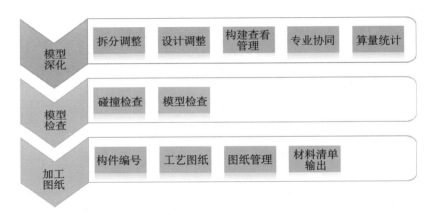

图 11-51　装配式深化及加工图设计流程

11.5.3　PKPM-PC 主要功能和优势特点

1）提供开放的标准化预制构件库

程序内置满足国标要求的构件库及附件库,按照模数化与标准化理念建立标准构件库,为装配式设计与生产加工提供基础单元,包括各种结构体系的墙、板、楼梯、阳台、梁、柱等,同时还支持各类异形构件的自定义创建、布置和统计,如图 11-52、图 11-53 所示。

2）提供满足设计院流程的主线功能

（1）灵活的拆分方式,快速完成拆分方案确定

通过多种建模方式完成装配式 BIM 模型建立,根据运输尺寸、吊装重量、模数化要求,自动完成构件拆分,根据国标设计规范要求完成自动设计。如图 11-54、图 11-55 所示。

图 11-52　PKPM-PC 标准化预制构件库

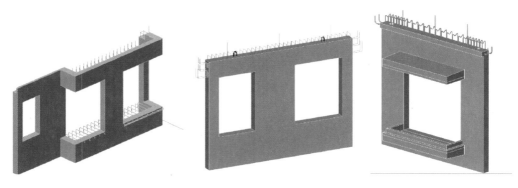

图 11-53　自定义各类异形构件

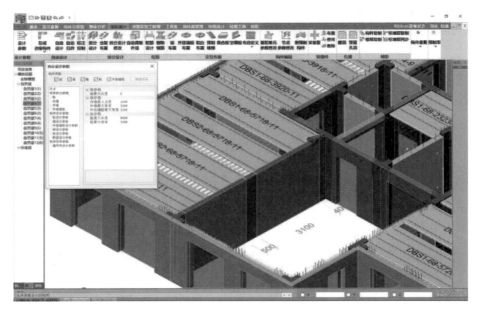

图 11-54 拆分设计

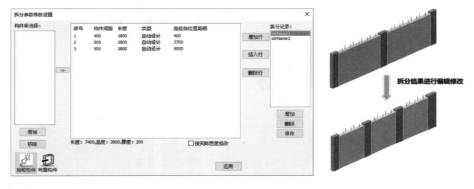

图 11-55 拆分结果编辑修改

（2）结构整体分析与设计

针对装配式结构完成现浇部分地震内力放大、现浇部分与预制部分承担的规定水平力地震剪力百分比统计、叠合梁纵向抗剪计算、构件接缝处的受剪承载力计算等。如图 11-56 所示。

（3）结构分析结果，自动生成符合审图要求的计算书及施工图，如图 11-57 所示。

（4）按照规范要求进行构件验算及生成相应计算书，如图 11-58、图 11-59 所示。

（5）生成相应构件清单列表，如图 11-60、图 11-61 所示。

3）实现深化设计高效、高质完成

（1）梁柱节点提供多种避让方式，如图 11-62、图 11-63 所示。

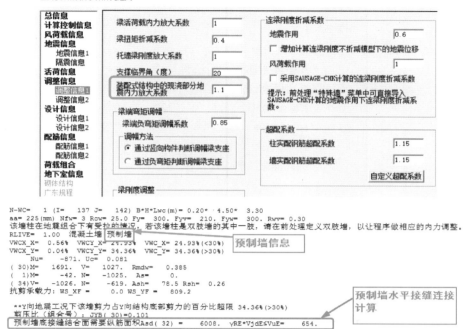

```
N-WC=   1 (I=  137 J=  142) B*H*Lwc(m)= 0.20* ·4.50* 3.30
aa= 225(mm) Nfw= 3 Rcw= 25.0 Fy=  300. Fyy=  210. Fyw=  300. Rwy= 0.30
该墙柱在地震组合下有受拉的情况,若该墙柱是双肢墙的其中一肢,请在前处理定义双肢墙,以让程序做相应的内力调整。
RLIVE=   1.00  混凝土墙  预制墙
VWCX_X=  0.56%  VWCX_X= 24.93%  VWC_X= 24.93%(<30%)
VWCX_Y=  0.04%  VWCY_Y= 34.36%  VWC_Y= 34.36%(>30%)
      Nu=   -871. Uc=  0.081
( 30)M=  1691.  V=  1027.  Rmdw=  0.385
(  1)M=   -42.  N=  -1025.  As=   0.
( 34)M= -1026.  N=  -619.  Ash=  78.5 Rsh=  0.26
抗剪承载力: WS_XF =   0.0 WS_YF =   809.2

**Y向地震工况下该墙剪力占Y向结构底部剪力的百分比超限 34.36%(>30%)
剪压比(组合号): JYB( 30)=0.101
预制墙底接缝结合面需要纵筋面积Asd( 32) =    6008.  γRE*VjdE≤VuE=    654.
```

图 11-56 整体分析与设计

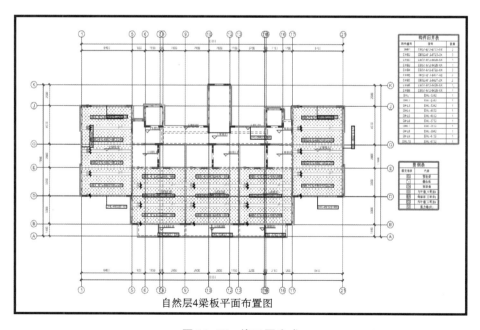

自然层4梁板平面布置图

图 11-57 施工图生成

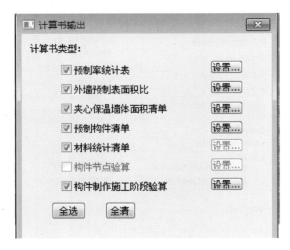

图 11-58　计算书输出

三明治外墙 WQM-4530-2724 短暂工况验算

一、基本参数

构件尺寸			
	墙高（楼层高度）	2900	mm
	标志宽度（开间轴线）	3600	mm
洞口 1	长（竖向）*宽（横向）	2400×2100	mm×mm
相关系数			
	重力放大系数	1.1	
	脱模动力系数	1.2	
	脱模吸附力	1.5	
	板吊装动力系数	1.2	
	板施工安全系数	5	

图 11-59　基本参数

3#，4#，5#楼预制楼板清单

序号	浇筑单元	图示	规格（W×D×H）/洞口尺寸	墙体竖向投影面积（m²）	墙体外蒸面积（m²）	重量（kg）	体积（m³）	单元数	层数	总体积（m³）
1	PCB-1L	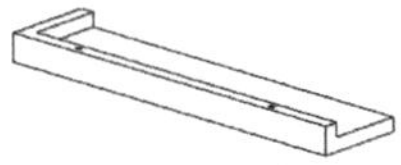	200×615×2630	1.617	4.533	485	0.19	1	16	3.04
2	PCB-1R	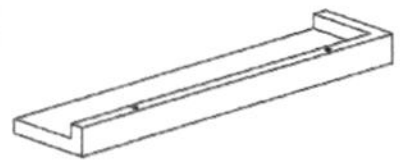	200×615×2630	1.617	4.533	485	0.19	1	16	3.04

图 11-60　构件清单

3#，4#，5#楼预制楼梯清单

序号	浇筑单元	图示	规格（W×D×H）/踏步尺寸(X, Y)	墙体竖向投影面积(m²)	墙体外表面积(m²)	重量(kg)	体积(m³)	单元数	层数	总体积(m³)
1	PCLT-1	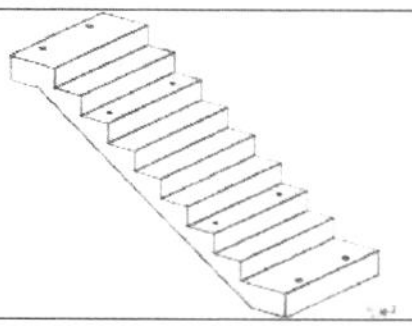	PL1180×520×3138	3.178	10.366	1810.7	0.72	2	16	23.04
			total：	/	/	1810.7	0.72	/	/	23.04

图 11-61　预制楼梯清单

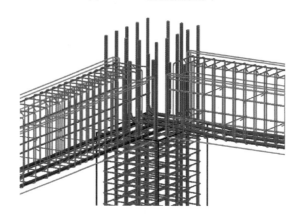

图 11-62　框架梁柱节点三维钢筋显示

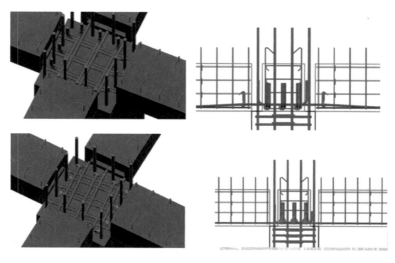

图 11-63　框架梁柱节点钢筋避让

（2）机电专业孔洞预留、管线预埋

通过提资机电专业模型，可以在预制构件中自动生成水暖孔洞及电气预埋条件，如图 11-64 所示。

201

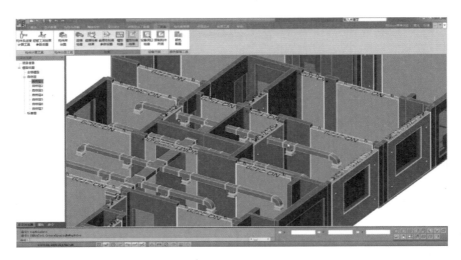

图 11-64　机电孔洞预留与管线预埋

（3）构件、钢筋碰撞检查

可以实现专业间碰撞检查及预制构件间的钢筋碰撞检查。如图 11-65、图 11-66 所示。

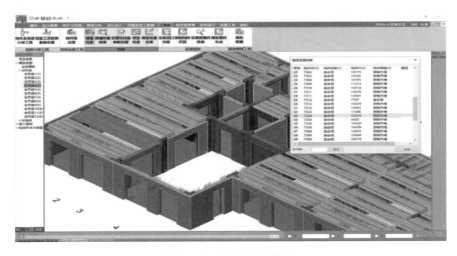

图 11-65　构件碰撞检查

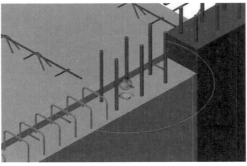

图 11-66　钢筋碰撞检查

（4）自动出全楼构件加工图纸

装配式项目需要细化每个预制构件深化图纸,详图工作量大,借助软件中的详图模块,可自动生成满足加工要求的详图图纸,并可保证模型与图纸的一致性,既能够提高设计效率,又能够提高构件深化图纸的精度,减少错误。如图11-67～图11-71所示。

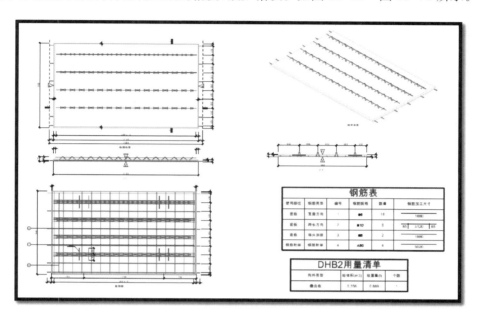

图 11-67　叠合板详图

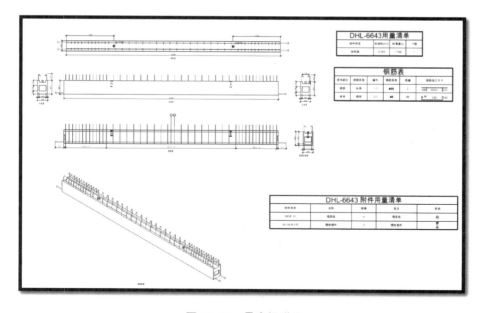

图 11-68　叠合梁详图

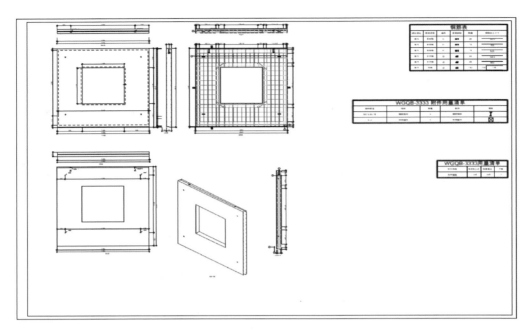

图 11-69　外挂墙板详图

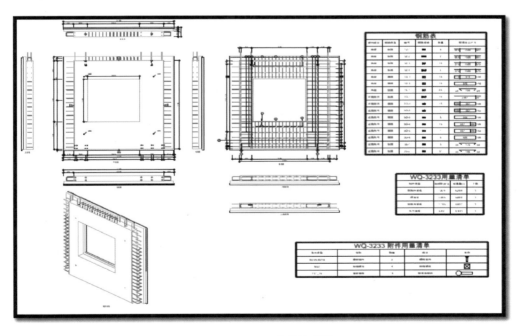

图 11-70　三明治外墙详图

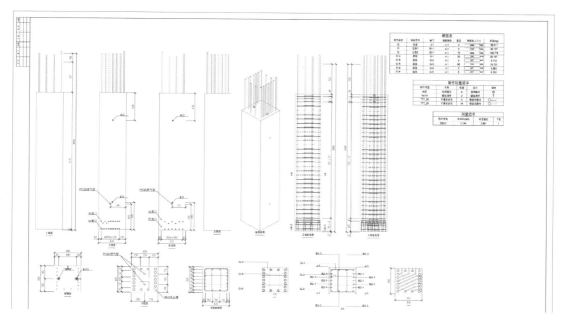

图 11-71 柱详图

（5）内置通用节点库，方便用户直接调用选取，如图 11-72～图 11-75 所示。

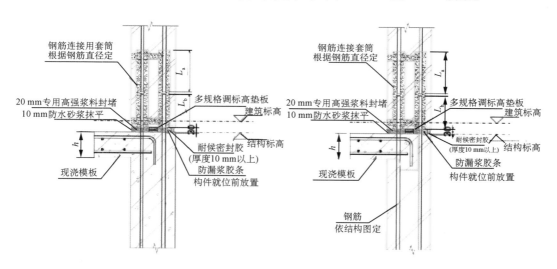

竖向连接大样图一

图 11-72 内置节点图

4）BIM 模型接力数控加工-CAM

BIM 模型数据直接接力工厂数控加工设备，自动进行钢筋分类和机械加工、构件边模及钢筋摆放、管线开孔画线定位、混凝土智能浇筑，达到构件无纸化加工，提升生产效率。如图 11-76 所示。

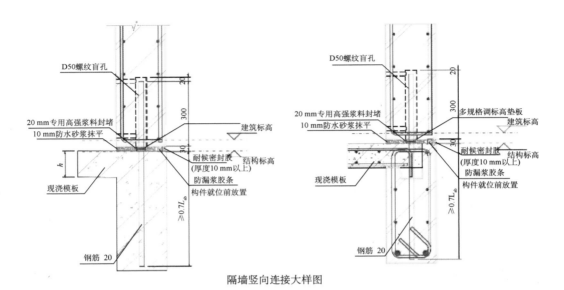

隔墙竖向连接大样图

图 11-73　内置节点图

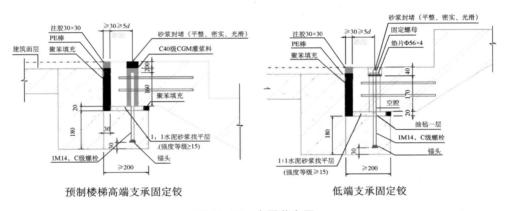

预制楼梯高端支承固定铰　　　　低端支承固定铰

图 11-74　内置节点图

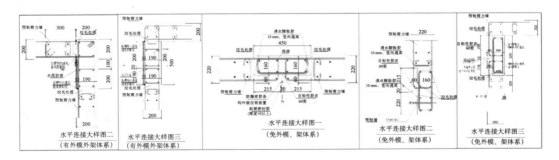

图 11-75　内置节点图

　　PKPM BIM 协同设计系统是通过 BIM 平台集成各专业设计成果,提供多专业协同设计模式。通过模型参照、互提资料、变更提醒、消息通信、版本记录、版本比对等功能,强化专业间协作,消除错漏碰缺,提高设计效率和质量。

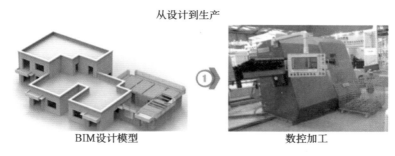

从设计到生产

BIM设计模型　　　　　　　　数控加工

图 11-76　模型数据接力数控加工设备

系统采用大型高速数据库存储技术,硬件配置要求低,存储与显示效率高,在国内处于领先地位,避免了其他软件因文件容量过小,模型较大后就操作卡顿,只能拆成若干小模型的困扰,可适应各类大型工程项目的应用。通过模型轻量化实现互联网、移动设备和虚拟现实设备的应用。

基于 BIM 平台支持二次开发,并已开发出多种应用和管理软件,包括多专业建模及自动化成图、结构分析设计、装配式建筑设计、绿色建筑分析、铝模板设计、构件厂生产管理、施工项目管理等。

系统采用统一的开放数据交换标准(IFC、FBX 等)解决了不同专业软件之间的数据交换问题,可实现与 Revit、Archicad、Bentley、Tekla、Navisworks、天正等软件集成应用。如图 11-77 所示。

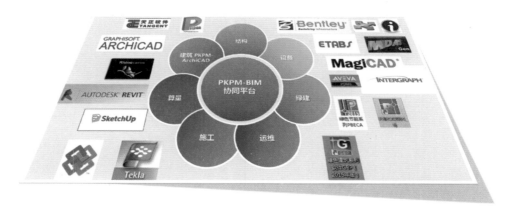

图 11-77　PKPM BIM 数据生态环境

11.5.4　PKPM BIM 装配式软件系统协同设计适用范围

PKPM-BIM 协同设计系统为面向设计企业应用的全专业设计应用软件系统,涵盖建筑、结构、机电和绿色建筑专业,在实现各专业设计内容的同时,可以实现各专业的协同设计,如图 11-78 所示。

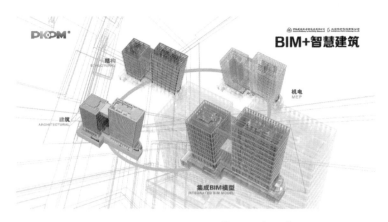

图 11-78　PKPM-BIM 协同设计系统

该系统主要应用于建筑工程设计、结构设计、机电设计、绿色建筑设计、建筑节能设计、施工运维等领域,如图 11-79 所示。

图 11-79　基于 BIM 的多专业协同设计

1) 建筑专业

系统提供自由设计功能,提升建模的自由度和丰富细节,为建筑师创造建筑造型提供了便利;建筑材料优先级的概念,可对元素之间的复合层进行链接控制,成本预算更加精确;系统提供丰富的二维、三维图库,最大限度地满足三维设计的需求;系统按照中国 BIM 标准编制,符合中国设计规范,提供伴随设计过程的规范指导和规范检查;系统可自动生成图纸,符合国内标准图集和绘图习惯,高效的图纸管理解放了设计师在图纸绘制完成后烦琐的布图、出图工作;提供独特的三维文档,可以直接打开与模型相对应的平面图纸,进行尺寸标注、添加标签等施工图部分的深化;自动生成清单列表、自动更新,无论是材料面积、数量等各类数据都可以自动地在清单中计算出来;系统集成了著名的 Cinema 4D 渲染引擎,真实的环境与虚拟现实相互结合,如 11-80 所示。

图 11-80 大体量精细化模型存储与表现能力

2）结构专业

基于图形的交互建模：支持平面简化操作，可快速布置结构基本构件（如梁、柱、墙、板等），完成空间复杂模型的建立；系统可将多个自然层相同部分组成一个标准层，差异化部分可通过调整自然层局部实现。系统可实现建筑与结构的数据双向互通，建筑-结构数据共享，双向互通。建筑模型中的承重构件直接转换为结构模型构件，非承重构件和功能用房等自动转换为相应的荷载；结构模型编辑和调整后也可返提资给建筑。提供偏心调整功能，完美实现建筑和结构专业模型的一致性。通过数据导出模型，接力现有 PKPM 结构分析软件进行结构设计，系统集成了当前结构分析的先进技术，紧密结合中国设计规范，完成各类规则结构及复杂超限结构的分析设计，并能将计算内力及设计配筋结果返回到模型中，如图 11-81 所示。

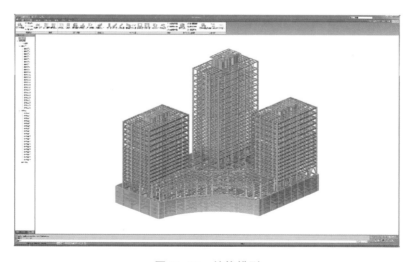

图 11-81 结构模型

3）机电专业

系统可实现水暖电三个专业建模，利用精确定位工具，在任意二维和三维视角下，完成设备及管线绘制,提供管线智能化连接功能,可智能判别设备构件与管道的连接路径,自动生成管路构件。系统拥有快捷建立自定义构件工具,可基于原构件修改形式和参数。

系统可完成暖通负荷计算、给排水水力计算和电气照度计算;可自动提取建筑围护结构几何数据,补充物性参数进行采暖和空调负荷计算;可根据水力计算结果,查看水管流量及流速等参数,并可自动调整管道尺寸;可自动提取房间数据,对房间灯具数、照度值、功率密度进行计算,并可判断是否满足照明标准要求。

系统可完成管线综合碰撞检测,在设计过程中可以不离开当前环境直接完成碰撞检测,即时解决冲突。检测方式可由用户配置,按分楼层、分专业、分系统类型勾选,检测结果生成碰撞列表和报告书,支持自动定位碰撞构件和碰撞位置。

系统可实现专业间提资,机电管道的开洞及电气预埋信息可提资给建筑、结构及装配式专业,并实现装配式模块自动开洞和电气预埋。

系统可完成各类设备施工图,根据三维模型自动生成施工图,并可根据模型修改自动更新施工图标注。系统可实现构件信息统计,通过选择材料统计列表样式,可进行全楼模型信息统计,自动生成材料统计表单,如图 11-82 所示。

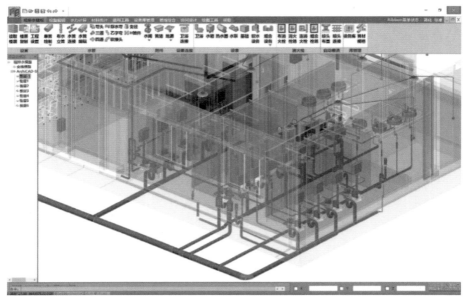

图 11-82 机电专业模型

4) 绿色建筑与节能设计

参照绿色建筑与建筑节能相关规范要求,在全专业 BIM 模型上利用信息技术将建筑环境、空间、材料、功能及设备数据集成管理,可直接进行绿色建筑方案设计、建筑节能计算,同时可实现绿色建筑评价所需的室外风环境与室内自然通风、建筑日照与室内天然采光、室外噪声与室内背景噪声构件隔声、建筑能耗提升与热岛温度模拟等方面的生态技术指标分析与评估,提出降低能耗与合理有效利用自然能源的整体解决方案,如图 11-83 所示。

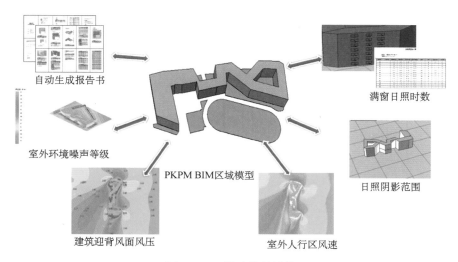

自动生成报告书

室外环境噪声等级

满窗日照时数

日照阴影范围

PKPM BIM区域模型

建筑迎背风面风压

室外人行区风速

图 11-83　绿建分析计算

11.5.5　PKPM BIM 协同设计系统的主要功能和优势特点

数据共享、协同工作,即各专业从不同视角建立数据和提取数据,数据集中管理,保证了数据的一致性和关联性,实现了项目全生命期各参与方的数据共享。各参与方共享模型数据,互相引用参照,高效沟通,避免冲突,实现全专业协同设计和全流程协同工作。

1) 多专业协同

建筑专业上传模型,设备专业可参照建筑和结构模型进行设计,结构专业可参照建筑和机电模型进行设计,形成多专业模型共享参照,实现多专业综合模型信息集成,如图11-84～图 11-86 所示。

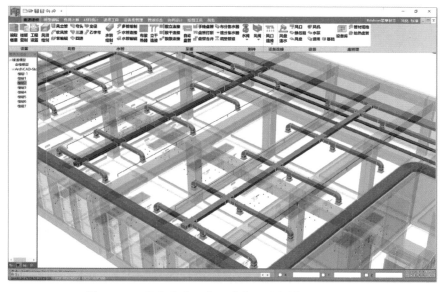

图 11-84　设备专业可参照建筑和结构模型进行设计

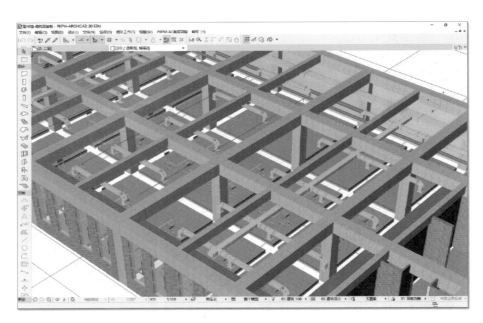

图 11-85　建筑专业可参照经过和结构模型进行设计

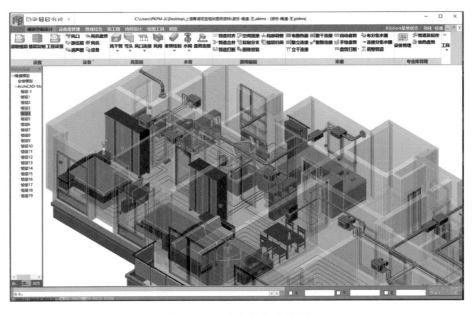

图 11-86　多专业集成模型

2) 实时修改

各专业通过变更列表查看其他专业的提资条件,快速定位构件变更形式及位置,如图 11-87 所示。

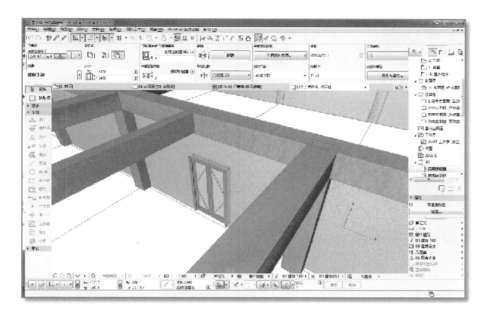

图 11-87 建筑构件变更

3）管线综合碰撞检测

在设计过程中可不离开当前环境直接完成碰撞检测，即时解决冲突，高效便捷。检测方式可由用户配置，按分楼层、分专业、分系统类型勾选，检测结果生成碰撞列表和报告书，支持自动定位碰撞构件和碰撞位置，如图 11-88 所示。

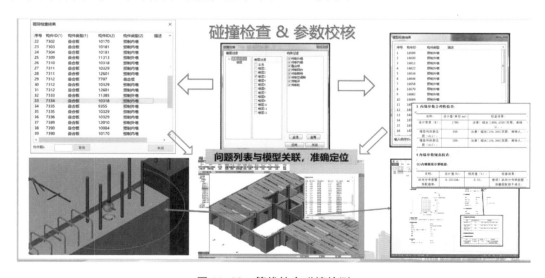

图 11-88 管线综合碰撞检测

4）专业间提资

机电管道的开洞及电气预埋信息可提资给建筑、结构及装配式专业，并实现装配式模块自动开洞，如图 11-89 所示。

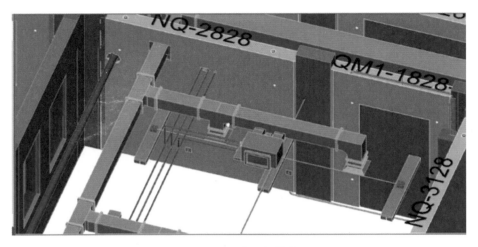

图 11-89 专业间提资

5）多人分布式并行工作，数据同步上传

支持多人分布式并行工作，可基于局域网、公网以及云服务器部署；数据同步采用差异上传至服务器方式，大幅提高工作效率，如图 11-90 所示。

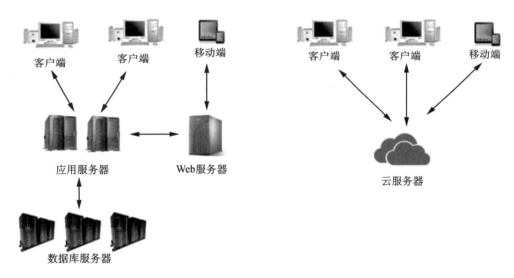

图 11-90 服务器部署

6）构件级协同，支撑多版本管理

采用构件级协同工作方式，支持多人员对同一模型进行编辑。成员间通过构件锁定机制确保同时工作时工作结果的正确性与唯一性。同时支持模型数据版本管理，可以获取历史版本，并进行版本差异比对及版本回溯，如图 11-91、图 11-92 所示。

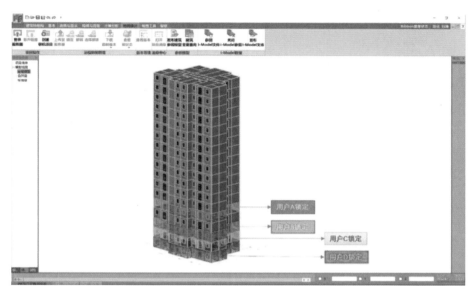

图 11-91　构件级协同

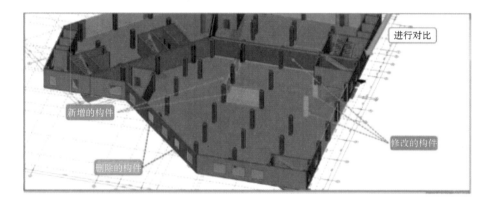

图 11-92　多版本管理

11.6　本章小结

本章提供了在国内外不同技术体系下的装配式 BIM 解决方案,涵盖 ProStructures、Planbar、YJK-AMCS、鸿业-PC、PKPM-BIM 等 5 种装配式软件,重点梳理了各类技术体系的特点、应用流程及数据交互,便于使用者为项目选择合适的装配式 BIM 解决方案。

12 应用案例

经过对 BIM 技术、装配式建筑及 BIM 技术在装配式建筑全生命周期的应用等理论内容的介绍和 Revit、ProStructures 等软件在项目中的实际操作示范,本章将介绍理论与实践结合的产物,提供两个在 BIM 深化设计方面具有参考价值的装配式建筑案例,加深读者对 BIM 技术在装配式建筑中应用的了解。

12.1 江苏省建筑设计研究院案例:恒大御湖天下 145 地块项目

项目位于徐州市贾汪区潘安湖地区,主要由洋房及高层住宅组成,地上部分总建筑面积约 43 万 m²。根据当地政策要求,部分高层住宅采用装配式建筑,采用装配整体式剪力墙结构,单体预制装配率不小于 50%。本次研究基于 BIM 技术,研究其在装配式建筑的设计阶段的应用。

通过招投标确定,江苏省建筑设计研究院有限公司,作为本项目的装配式专项设计单位。设计过程中,采用 BIM 技术进行预制构件模型的搭建、混凝土量的统计、预制率指标的计算以及深化图纸的出图、预制构件的碰撞、埋件检查工作。

1) 项目级 BIM 技术标准

本项目各专业均配备 1~2 名 BIM 工作人员,组成项目策划 BIM 管理部,如图 12-1 所示。

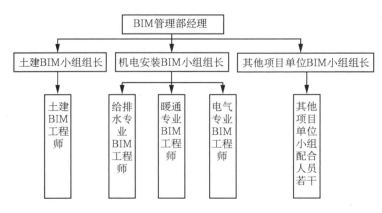

图 12-1 项目人员配备

在不影响后期模型整合的前提下,针对各专业协调情况,土建和机电分别使用了两种协同方式,将 BIM 小组组员的多个文件合并为一个模型,实现了模型信息的无缝传递和整合(图 12-2)。

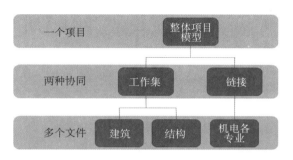

图 12-2　项目模型体系

建模应按装配式构件设计划分阶段,各阶段所建立的构件模型应具有连续性,模型标识出的尺寸、位置等信息必须与外形吻合。建模成果按阶段可划分为构件布置图初步设计模型、预制件深化模型、预制件加工模型,如表 12-1 所示。

表 12-1　模型划分

阶段	模型	建模等级	阶段用途
构件布置图初步设计	初步设计模型	1.0	专项评估报审、建筑造价概算、预制率计算、PC 方案论证
预制构件深化设计	施工图设计模型、预制件深化模型	2.0	建筑工程施工许可、施工招投标计划、PC 方案深化
预制件加工设计	预制件详图模型	3.0	加工准备、PC 方案模拟验证、构件采购生产加工、工程预算

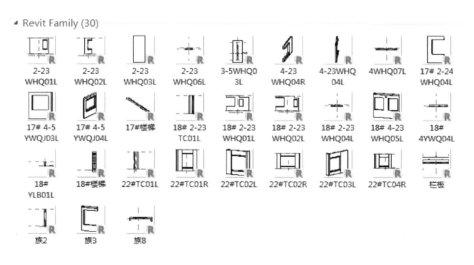

图 12-3　标准化族库

2）创建标准化族库

结合预制构件的模数化和标准化要求，设计出可重复利用的预制装配式混凝土外墙板、内墙板、楼梯、叠合板、预制飘窗等构件，以建立预制构件标准模型族库，如图 12-3 所示，方便后续的设计方案制定和调整、变更等的应用（图 12-3）。

3）BIM 技术成果

如图 12-4～图 12-10 所示。

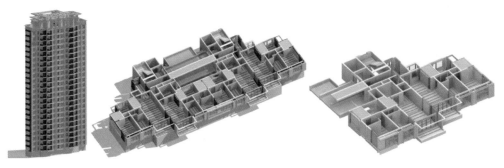

图 12-4　模型展示

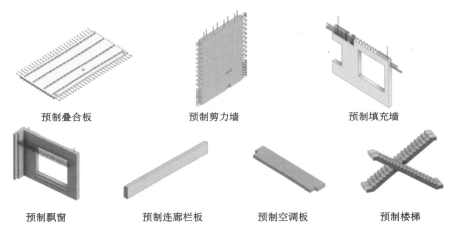

| 预制叠合板 | 预制剪力墙 | 预制填充墙 |

| 预制飘窗 | 预制连廊栏板 | 预制空调板 | 预制楼梯 |

图 12-5　预制构件展示

问题编号：PC-24-02

● 问题描述
　　剪力墙YWQ02L线盒洞预留于建筑外立面。

● 解决方法
　　建议施工时注意线盒留洞位置，留洞一面置于建筑内部。

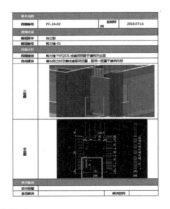

图 12-6　碰撞检查

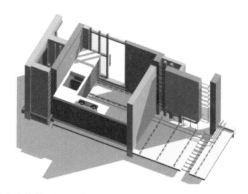

搭建全套点位模型，链接进装配式建筑模型，准确预留点位，提高构件质量

图 12-7　预留洞口检查

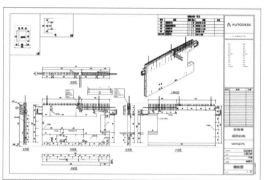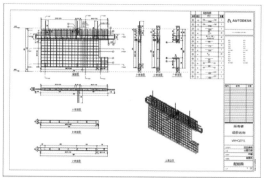

预制填充墙

将构件创建剖面、俯视图、平面图等多种视图，直接生成构件深化图

图 12-8　深化出图——预制填充墙

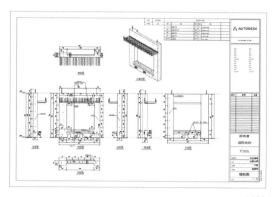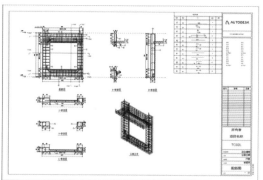

预制飘窗

将构件创建剖面、俯视图、平面图等多种视图，直接生成构件深化图

图 12-9　深化出图——预制飘窗

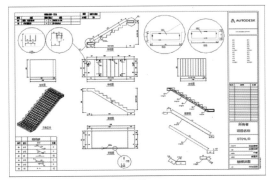
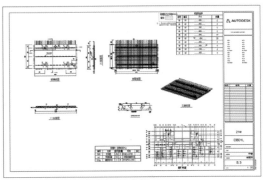

预制楼梯 预制叠合板

将构件创建剖面、俯视图、平面图等多种视图,直接生成构件深化图

图 12-10 深化出图——预制楼梯、叠合板

12.2 南京大地建设集团:丁家庄二期(含柳塘地块)保障性住房项目 A27 地块

本项目 PC 深化设计由南京大地建设集团绿色建筑设计研究院(以下简称"绿建院")牵头,PC 构件厂、BIM 中心、项目部等全程参与,共同完成设计、生产、运输、安装等 BIM 协同工作。运用 BIM 信息化管理方法将各参与方工作进行整合,保证了预制构件深化设计的高度集成。

为保证项目进度,丁家庄 A27 项目的 BIM 构件设计采用平行设计方法,公司绿建院采用 CAD 进行 PC 深化设计,BIM 中心根据绿建院进度同步进行 Revit 构件翻模及全过程 BIM 应用工作。根据本项目的 PC 深化设计阶段的实施应用情况,申报课题"装配整体式混凝土结构深化设计的 BIM 出图研究",并将 BIM 设计及出图方法于 2019 年在我司承建的南京一中分校项目施工总承包工程中全面应用,旨在开发基于 Revit 软件的 BIM 深化设计工作流程,并打通装配式项目设计、生产、施工过程的 BIM 模型传递流程。

1)项目概况

丁家庄二期(含柳塘地块)保障性住房项目 A27 地块位于南京市栖霞区寅春路以东,华银路以北,本项目总建筑面积为 52 357.88 m²,包含 1♯楼、2♯楼和地下车库。1♯楼、2♯楼为地上 30 层,车库地下 2 层,结构形式为装配整体式剪力墙结构。

2)构件拆分

本项目采用的 PC 构件有预制叠合板、预制楼梯、预制阳台叠合楼板、预制阳台栏板、预制剪力墙(内墙)、预制外墙(含保温)PCF。主体结构 3 层及 3 层以下、屋面结构采用现浇结构;4 层、5 层东西侧外墙采用预制外墙(含保温)PCF 板,其余结构构件采用现浇结构;6 层~30 层采用装配整体式剪力墙结构,所有结构梁均为现浇。

构件 BIM 拆分模型如图 12-11 所示。

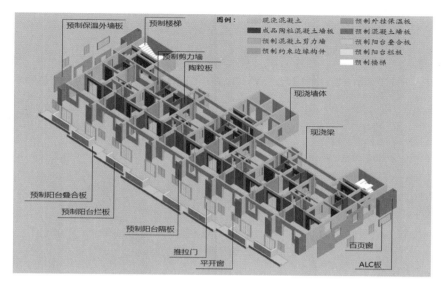

图例：
现浇混凝土
成品陶粒混凝土墙板
预制混凝土剪力墙
预制约束边缘构件
预制外挂保温板
预制混凝土墙板
预制阳台叠合板
预制阳台栏板
预制楼梯

图 12-11　标准层部品部件拆分示意图

构件 BIM 深化模型汇总如图 12-12 所示。

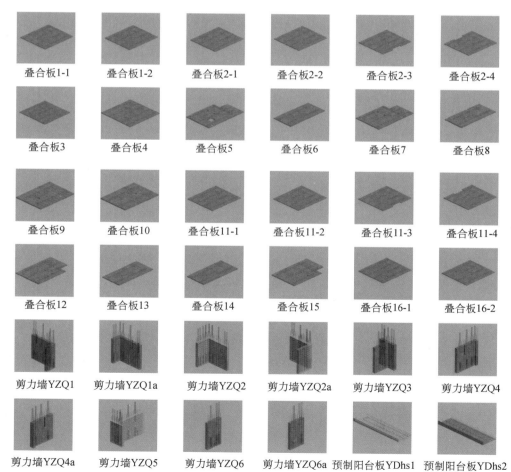

叠合板1-1　叠合板1-2　叠合板2-1　叠合板2-2　叠合板2-3　叠合板2-4

叠合板3　叠合板4　叠合板5　叠合板6　叠合板7　叠合板8

叠合板9　叠合板10　叠合板11-1　叠合板11-2　叠合板11-3　叠合板11-4

叠合板12　叠合板13　叠合板14　叠合板15　叠合板16-1　叠合板16-2

剪力墙YZQ1　剪力墙YZQ1a　剪力墙YZQ2　剪力墙YZQ2a　剪力墙YZQ3　剪力墙YZQ4

剪力墙YZQ4a　剪力墙YZQ5　剪力墙YZQ6　剪力墙YZQ6a　预制阳台板YDhs1　预制阳台板YDhs2

预制阳台板YDhs3　预制阳台板YDhs4　阳台栏板YLB1　阳台栏板YLB2　　阳台栏板YLB3　　阳台栏板YLB4

预制阳台隔墙L　　预制阳台隔墙M　　预制阳台隔墙R　　预制楼梯KL-A　　预制楼梯KL-B　　预制保温板W1L

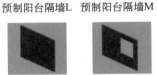 

预制保温板W1R　预制保温板W2L　　预制保温板W2R　　预制保温板W3L　预制保温板 W3R

图 12-12　预制深化模型汇总

3）碰撞检查

根据制定的公式和建模规则，进行构件参数化、标准化的建模。构件的三维模型是生产出来的成品的信息化表征。传统的 BIM 设计主要方向是外观设计，即构件形状和规则钢筋的建模。而深化设计则包含了洞口留置、钢筋布置、预埋件定位等细部信息的建模。本项目通过 BIM 应用：(1)依据模型进行可视化的交底，避免了车间生产对于平面图纸理解不到位的问题；(2)构件预拼装，深化设计的模型需进行碰撞检查，避免设计不合理、钢筋硬碰撞、土建机电多专业碰撞等问题；(3)模型的参数及尺寸非常精确，便于项目在模型的基础上制定技术方案。

本项目建立所有构件的三维深化模型，并进行预拼装，对模型内机电专业设备管线之间、管线与建筑结构部分之间、结构构件之间等进行碰撞检测(图 12-13、图 12-14)，根据碰撞测试结果调整设计图纸，直至实现"零碰撞"。碰撞检查结果用于定位结构上的开洞、预留预埋等工作。基于 BIM 模型的深化设计方法，一改往常平面作图局限性，将图纸容错率降到最低，避免了不必要的返工。

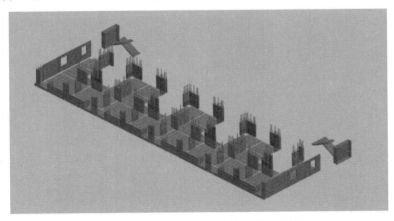

图 12-13　标准层预制构件拼装示意图

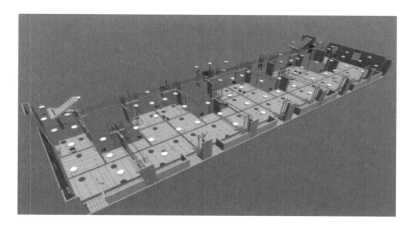

图 12-14 标准层预制构件碰撞检查示意图

4）运输布置

采用 BIM 模型模拟不同构件的装车运输方式，预制叠合板、楼梯运输构件采用平躺叠加，支点与上下层构件的接触点必须设置减振措施，如垫橡胶块等，禁止硬碰硬方式。重叠不超过 5 层，且各层垫块须在同一竖向位置。PCF 外墙板、预制剪力墙构件运输采用竖向靠放运输方式，墙板靠放时可以采用自制靠放架体避免墙体倾倒，事先在与构件接触的侧面和底面部分安装木方和保护材料。如图 12-15 所示。

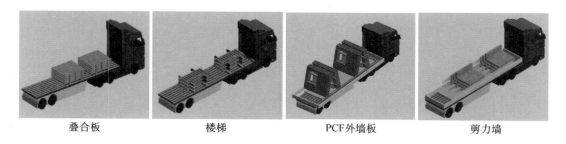

|叠合板|楼梯|PCF外墙板|剪力墙|

图 12-15 不同构件的运输方式

5）二维码应用

通过 BIM 技术，构件内置二维码（图 12-16），从而掌握所有构件的实时信息，为构件出厂、吊装提供精确数据，真正实现了项目现场构件"零库存"，吊装作业准确快捷。

大地科技智造系统中的销售管理、生产管理、材料管理等模块是系统的核心功能，它通过合理配置企业内外部供应、需求和现有的产能、库存资源，制定出切实可行的生产计划，并以生产计划为导向，将企业的整个生产过程有机地结合在一起，使得企业能够有效地降低库存，提高效率，如图 12-17、图 12-18 所示。同时完成经营、生产、质量、材料各部门之间的协同工作及数据共享，保证了各生产部门、工序间的衔接，而不会出现生产脱节，耽误生产交货时间的情况，确保了企业整体计划的完成，使企业资源配置达到最优化，以较少的合理投入获得更大的产出收益。

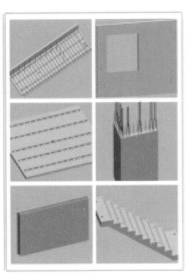

图 12-16　二维码关联构件

图 12-17　大地科技智造平台主界面

图 12-18　二维码管理模块

6）施工方案编制

编制技术方案时,传统的平面作图有很多局限性,特别是对于空间关系表达得不准确,往往会使施工人员产生误解。BIM 技术的可视化,可以更直观、更真实地表达方案意图。从二维平面走向三维立体,通过不同视角及施工场地漫游,模拟施工工况,对平面布置中潜在的不合理布局进行分析,对安全隐患进行排查,进一步优化平面布置方案,使其更经济、完善,更符合绿色节能环保趋势。在方案编制中,采用"先模型后实体"的方法,对项目施工方案进行模拟、分析和优化,从而发现施工中可能出现的问题,在施工前就采取预防措施,直至获得最佳的施工方案,如图 12-19、图 12-20 所示,尽最大可能实现"零碰撞、零冲突、零返工",从而大大降低返工成本,减少资源浪费、人员冲突及安全问题,真正把 BIM 落到实处。

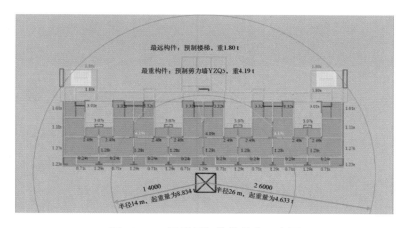

图 12-19 最重最远构件分布示意图

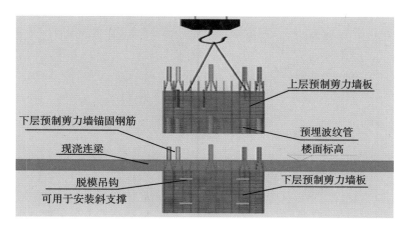

图 12-20 剪力墙安装示意图

采用 BIM 施工动画模拟构件的起吊过程。由于预制剪力墙上部插筋较长,在运输中不宜采用站立式放置,因此在部品部件运输和堆放时平躺摆放。在进行正式吊装时,需要通过塔吊将部品部件由平放状态调整为竖向状态,具体步骤如下:

（1）利用预制墙板上的脱模吊钩,将墙板吊放在指定区域,该区域内事先摆放两块垫木,将墙板的上部搁置在垫木上,墙板下部搁置在角钢上,利用角钢作为预制墙板旋转的着力点,保护构件棱角混凝土不受破坏。

（2）将塔吊吊钩移至墙板上部的吊装吊钩上,缓慢提升吊钩,将墙板以根部为轴转动,呈直立状态,然后吊运至楼层指定安装位置。如图 12-21 所示。

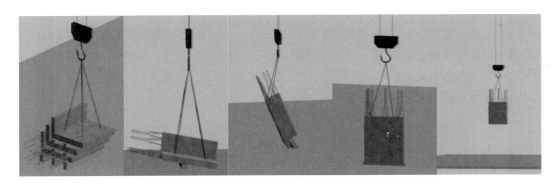

图 12-21 预制剪力墙起吊流程

7）出图方法研究

在丁家庄 A27 项目 BIM 深化设计研究工作的基础上,具体步骤如下（图 12-22～图 12-26）：

（1）结构模型建立。

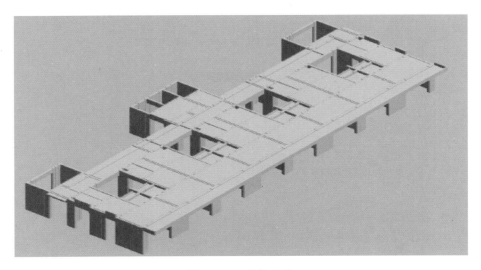

图 12-22 结构建模

（2）制定拆分规则。

（3）单元模块拆分。

（4）方案合理性验证,内嵌计算书,并导出计算结果。

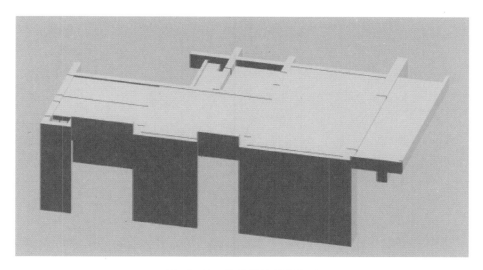

图 12-23　单元模块拆分(一)

（5）深化设计（配筋、预留、预埋等）。

图 12-24　单元模块拆分(二)

（6）碰撞检查。

（7）Revit 出图（支持 Revit 直接打印图纸、导出 PDF 并打印、模型导出 CAD 打印等多种方式）。

（8）构件参数生成 Excel 表，进入公司 ERP 系统与生产、销售订单进行一一匹配。

（9）图纸中，二维码进行物联网应用工作。

（10）模型传递给总包进行下游 BIM 应用工作。

（11）PC 模型归档及交付工作。

图 12-25 碰撞检查

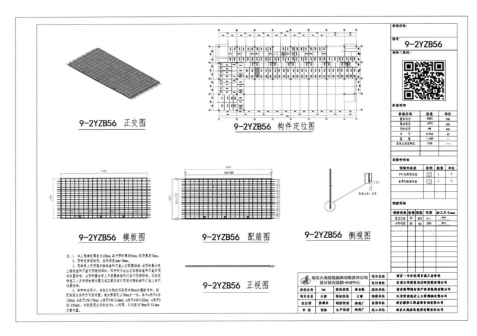

图 12-26 出图

12.3 本章小结

本章重点介绍了江苏省建筑设计研究院和南京大地建设集团参与建设的两个应用 BIM 技术的装配式建筑案例,从专业人员配备、模型族库构建及 BIM 技术深化设计阶段应用、信息化管理等方面为其他装配式建筑的 BIM 应用提供参考。

参考文献

［1］龚声蓉，许承东.计算机图形技术［M］.北京：中国林业出版社，北京大学出版社，2006.

［2］金晓倩.计算机图形技术在建筑设计行业内的应用及标准［J］.现代商贸工业，2015，36(27)：261-262.

［3］广天.关于建筑设计中计算机绘图的应用探讨［J］.中国科技投资，2016(27)：47.

［4］周济.智能制造："中国制造2025"的主攻方向［J］.中国机械工程，2015，26(17)：2273-2284.

［5］王庄林.世界未来装配式建筑发展趋势［J］.住宅与房地产，2017，460(11)：44-45.

［6］郭学明.装配式混凝土结构建筑的设计、制作与施工［M］.北京：机械工业出版社，2017.

［7］徐卫国.数字建构［J］.建筑学报，2009(1)：61-68.

［8］沈咏谦.浅谈建筑设计中数字技术的应用［J］.建筑•建材•装饰，2018(10)：177-178.

［9］梅玥.基于数字技术的装配式建筑建造研究［D］.北京：清华大学，2015.

［10］黄蔚欣.参数化时代的数控加工与建造［J］.城市建筑，2011(9)25-27.

［11］孙晓峰，魏力恺，季宏.从CAAD沿革看BIM与参数化设计［J］.建筑学报，2014(8)：41-45.

［12］范幸义，张勇一.装配式建筑［M］.重庆：重庆大学出版社，2017.

［13］周勇.信息化技术在装配式建筑中的应用［J］.建筑工程技术与设计，2017(25)：2680-2680.

［14］吴慧群.浅谈目前我国BIM技术应用中存在的问题及改进措施［J］.建设监理，2016(8)：5-7.

［15］彭书凝.BIM＋装配式建筑的发展与应用［J］.施工技术，2018(10)：20-23.

［16］刘晴，王建平.基于BIM技术的建设工程生命周期管理研究［J］.土木建筑工程信息技术，2010(3)：40-45.

［17］李永奎.建设工程生命周期信息管理(BLM)的理论与实现方法研究：组织、过程、信息与系统集成［D］.上海：同济大学，2007.

［18］李永奎，乐云，何清华.BLM集成模型研究［J］.山东建筑大学学报，2006(6)：544-

548,552.

[19] 姚建南,刘志忠.BIM 技术在建筑工程施工中的应用[J].江西建材,2017(18):69,73.

[20] 吴琳,王光炎.BIM 建模及应用基础[M].北京:北京理工大学出版社,2017.

[21] 王升. 浅析 BIM 及其工具:BIM 软件的选择[J]. 智能城市,2016(11):289-290.

[22] 王美华,高路,侯羽中,等. 国内主流 BIM 软件特性的应用与比较分析[J]. 土木建筑工程信息技术,2017(1):69-75.

[23] 彭韶辉,刘刚,马翔宇.工程项目管理模式的比较分析[J].施工技术,2008(S1):458-460.

[24] 王珺.BIM 理念及 BIM 软件在建设项目中的应用研究[D].成都:西南交通大学,2011.

[25] 王禹杰,侯亚玮.BIM 在建设项目 IPD 管理模式中的应用研究[J].建筑经济,2015,(9):52-55.

[26] 马智亮,李松阳.“互联网＋”环境下项目管理新模式[J].同济大学学报(自然科学版),2018(7):991-995.

[27] 王婷,肖莉萍. 国内外 BIM 标准综述与探讨[J]. 建筑经济,2014(5):108-111.

[28] 潘婷,汪霄. 国内外 BIM 标准研究综述[J]. 工程管理学报,2017,31(1):1-5.

[29] 马志明,李严,李胜波.IFC 架构及模型构成分析[J].兵器装备工程学报,2014(11):114-118.

[30] 王琪. 浅析信息分类编码标准化[J]. 经营管理者,2015(19):195.

[31] 罗文斌,代丹丹.浅析建筑信息模型分类和编码标准[J].建筑技艺,2018(6):48-50.

[32] 荣华金.基于 BIM 的建筑结构设计方法研究[D].合肥:安徽建筑大学,2015.

[33] 胡珉,蒋中行.预制装配式建筑的 BIM 设计标准研究[J].建筑技术,2016,47(8):678-682.

[34] 韩斐.预制装配式建筑的 BIM 设计标准阐述[J].住宅与房地产,2017(35):77.

[35] 郭娟利,李纪伟,冯宏欣,等.基于 BIM 技术的装配式建筑太阳能集成设计与优化[J].建筑节能,2017,45(6):55-57,78.

[36] 关剑.基于 BIM 技术下的装配式建筑设计研究[J].住宅与房地产,2018(16):54.

[37] 李昂. BIM 技术在工程建设项目中模型创建和碰撞检测的应用研究[D].哈尔滨:东北林业大学,2015.

[38] 刘占省,赵明,徐瑞龙. BIM 技术在建筑设计、项目施工及管理中的应用[J]. 建筑技术开发,2013(3):65-71.

[39] 路统济. 基于 Revit 的结构施工图设计 BIM 应用研究[D]. 西安:西安建筑科技大学,2017.

[40] BIM 技术在预制装配式中的应用总结[EB/OL].(2019-08-23)[2019-09-16].https://bbs.zhulong.com/106010_group_919/detail41801861/.

[41] 南京丁家庄二期保障性装配式建筑关键技术[EB/OL].(2016-12-25)[2019-09-

16]. http://www.360doc.com/content/16/1225/08/30514273_617453041.shtml.

[42] 汪杰.装配式|夏热冬冷地区被动式超低能耗技术与装配式建筑技术集成应用示范项目技术方案[EB/OL].(2017-01-16)[2019-09-16]. https://www.uibim.com/82445.html.

[43] 刘学贤,杨晓.BIM 技术在装配式装修工程中的应用研究[J].城市建筑,2019,16(12):120-121.

[44] 张磊,芦东,张琴等.基于 BIM 技术的智慧装修一体化研究[J].建筑技术开发,2017,44(6):67-69.

[45] 马一铭,李宇航,赵佑.浅析装配式精装修在 BIM 中的一体化设计[J].中国建筑装饰装修,2020(5):110.

[46] 张超. 基于 BIM 的装配式结构设计与建造关键技术研究[D].南京:东南大学,2016.

[47] 季俊,张其林,常治国,等.高层钢结构 BIM 软件研发及在上海中心工程中的应用[J].东南大学学报,2009,39(Z2):205-211.

[48] 夏绪勇,张晓龙,鲍玲玲,等.基于 BIM 的装配式建筑设计软件的研发[J].土木建筑工程信息技术,2018,10(2):40-45.

[49] 中华人民共和国住房和城乡建设部.装配式混凝土结构技术规程:JGJ1—2014[S].北京:中国建筑工业出版社,2014.

[50] 樊则森. 预制装配式建筑设计要点[J]. 住宅产业,2015(8):56-60.

[51] 中华人民共和国住房和城乡建设部.高层建筑混凝土结构技术规程:JGJ3—2010[S].北京:中国建筑工业出版社,2010.

[52] 高本立,李世宏,李岗. 江苏省主要混凝土结构建筑工业化技术[J]. 墙材革新与建筑节能,2015(3):48-58.

[53] 李亮群. UNIFORMAT Ⅱ 工程编码在工程项目管理中的应用研究[D].大连:东北财经大学,2005.

[54] 常春光,杨爽,苏永玲. UNIFORMAT Ⅱ 工程编码在装配式建筑 BIM 中的应用[J].沈阳建筑大学学报(社会科学版),2015(3):279-283.

[55] 王茹,韩婷婷. 基于 BIM 的古建筑构件信息分类编码标准化管理研究[J].施工技术,2015(24):105-109.

[56] 潘寒,黄熙萍,邹贻权,等.BIM 技术在 PC 构件生产过程中的应用研究[J].工程经济,2018,28(11):33-36.

[57] 徐照,占鑫奎,张星.BIM 技术在装配式建筑预制构件生产阶段的应用[J].图学学报,2018,39(6):1148-1155.

[58] Yin S Y L, Tserng H P, Wang J C, et al. Developing a precast production management system using RFID technology[J]. Automation in Construction, 2009, 18(5):677-691.

[59] 华一新,吴升,赵军喜.地理信息系统原理与技术[M].北京:解放军出版社,2001

［60］胡钢.高速公路路产管理信息系统的研究与实现［D］.上海：华东师范大学,2006.

［61］叶平.基于 CPM 的甘特图应用研究［D］.杭州：浙江工业大学,2012

［62］侯庆平.GIS 在高速公路管理系统中的应用研究［D］.长沙：湖南大学,2001

［63］杨之恬.钢筋混凝土预制构件多流水线生产过程优化管理系统研究［D］.北京：清华大学,2017.

［64］吴姝娴.信息化技术在混凝土预制构件生产过程中的运用［J］.绿色建筑,2016(6)：24-26,29.

［65］田东方.BIM 技术在预制装配式住宅施工管理中的应用研究［D］.武汉：湖北工业大学,2017.

［66］郑欢欢,朱辉.现阶段装配式建筑的优缺点［J］.住宅与房地产,2017(17)：142.

［67］胡婷.浅谈 BIM 技术在装配式建筑施工中的运用与发展［J］.居业,2018(5)：92-93.

［68］鲁敏.施工项目管理 BIM 应用［J］.智能建筑与智慧城市,2018(5)：68-69,85.

［69］Eastman C，Teicholz P，Sacks R，et al. BIM handbook：A guide to building information modeling for owners, managers, designers, and contractors［M］. Princeton，New Jersey：Princeton University Press，2008.

［70］吉久茂,童华炜,张家立.基于 Solibri Model Checker 的 BIM 模型质量检查方法探究［J］.土木建筑工程信息技术,2014,6(1)：14-19.

［71］汪海英.BIM 工具选择系统框架研究［D］.武汉：华中科技大学,2015.

［72］肖阳.BIM 技术在装配式建筑施工阶段的应用研究［D］.武汉：武汉工程大学,2017.

［73］何伟.BIM 技术在建筑结构设计中的应用研究［J］.建材与装饰,2017(45)：57-58.

［74］王淑嫱,周启慧,田东方.工程总承包背景下 BIM 技术在装配式建筑工程中的应用研究［J］.工程管理学报,2017,31(6)：39-44.

［75］郎静静,孟晓芳.基于 BIM 技术的工程造价审计探讨［J］.居舍,2017(36)：159.

［76］张林,陈华,张双龙,等. BIM 技术在 PC 建筑全生命周期中的应用［J］. 建筑技术开发,2017,44(6)：78-79.

［77］汪再军,李露凡.基于 BIM 的大型公共建筑运维管理系统设计及实施探究［J］.土木建筑工程信息技术,2016(5)：10-14.

［78］乜凤亚. BIM 情境下建设项目业主与承包商利益均衡策略研究［D］.天津：天津理工大学,2017.

［79］张建平,张洋,张新.基于 IFC 的 BIM 及其数据集成平台研究［C］//中国土木工程学会,中国建筑学会.第十四届全国工程设计计算机应用学术会议论文集,2008：227-232.

［80］王咸锋,黄妙燕.基于 BIM 技术的碰撞检测在地铁工程中的应用研究［J］.广东技术师范学院学报,2016,37(11)：33-39.

［81］沈健.图书馆空间管理与 GIS 的应用［J］.情报杂志,2006(10)：120-122.

［82］卢兰萍,丁传奇,周少东.基于 BIM 5D 技术施工阶段成本控制模型构建［J］.河北工程

大学学报(自然科学版),2017,34(2):62-65.

[83] 周红波,汪再军. 既有建筑信息模型快速建模方法和实践[J]. 建筑经济,2017,38(12):83-86.

[84] 李明泽. BIM 在工程施工中的应用[J]. 建筑工程技术与设计,2015(30):584.

[85] 杨子玉.BIM 技术在设施管理中的应用研究[D].重庆:重庆大学,2014.

[86] 陈永鸿,高志利,高雄. 基于 BIM 的应急管理研究综述[J]. 昆明冶金高等专科学校学报,2017,33(3):71-76.

[87] 赵维树,黄思韵.BIM 技术在装配式建筑拆除阶段的应用探讨[J].黑龙江工业学院学报(综合版),2019,19(1):31-36.

[88] 王春秀. 结合 BIM 技术的绿色建筑环境分析研究[D]. 合肥:安徽建筑大学,2017.

[89] 李学东. BIM-GIS 技术在建筑施工管理可视化中的应用[J]. 科技风,2018(22):87,97.

[90] 董茜.基于三维 GIS 技术的建筑日照计算[D].呼和浩特:内蒙古师范大学,2010.

[91] 陈楠.结合 BIM 的全生命周期环境影响评价与决策分析研究[D].南京:东南大学,2015.

[95] ProStructures钢结构和混凝土设计软件[EB/OL]. [2019-09-16]. http://www.i3vsoft.com/products/prostr.html.

[93] Bentley结构产品整体解决方案[EB/OL]. [2019-09-16]. http://www.i3vsoft.com/projects/bentle3293.html.

[94] Planbar建筑工业 4.0 BIM 软件[EB/OL]. [2019-09-16]. http://www.i3vsoft.com/products/planba4681.html.

[95] 艾三维软件.BIM Planbar 装配式建筑 BIM 解决方案[EB/OL]. [2019-09-16]. http://www.i3vsoft.com/articles/bimpla.html.

[96] 装配式结构设计软件 YJK-AMCS 用户手册[M]. 北京:北京盈建科软件股份有限公司,2018.

[97] 鸿业装配式建筑 2018[EB/OL]. [2019-11-16]. http://bim.hongye.com.cn/index/chanpindetail2/id/46.html.

附　　录

PC 构件 BIM 模型二维码

(a) 楼板-1　　　　　　　(b) 楼板-2　　　　　　　(c) 楼板-3

图 1　楼板 BIM 模型二维码

(a) 梁-1　　　　　　　(b) 梁-2　　　　　　　(c) 梁-3

图 2　梁 BIM 模型二维码

(a) 楼梯-1（构件内部）　　(b) 楼梯-2　　　　(c) 楼梯-3　　　　(d) 楼梯-4

图 3　楼梯 BIM 模型二维码

（a）墙-1　　　　　（b）墙-2　　　　　（c）墙-3　　　　　（d）墙-4

图 4　墙 BIM 模型二维码

（a）柱-1 （构件内部）　　　　　（b）柱-2

图 5　柱 BIM 模型二维码